U0170621

"问道·强国之路"丛书　　主编——董振华

韩喜平　纪明——著

建设网络强国

中国青年出版社

"问道·强国之路"丛书

出版说明

为中国人民谋幸福、为中华民族谋复兴，是中国共产党的初心使命。

中国共产党登上历史舞台之时，面对着国家蒙辱、人民蒙难、文明蒙尘的历史困局，面临着争取民族独立、人民解放和实现国家富强、人民富裕的历史任务。

"蒙辱""蒙难""蒙尘"，根源在于近代中国与工业文明和西方列强相比，落伍、落后、孱弱了，处处陷入被动挨打。

跳出历史困局，最宏伟的目标、最彻底的办法，就是要找到正确道路，实现现代化，让国家繁荣富强起来、民族振兴强大起来、人民富裕强健起来。

"强起来"，是中国共产党初心使命的根本指向，是近代以来全体中华儿女内心深处最强烈的渴望、最光辉的梦想。

　　从 1921 年红船扬帆启航，经过新民主主义革命、社会主义革命和社会主义建设、改革开放和社会主义现代化建设、中国特色社会主义新时代的百年远征，中国共产党持续推进马克思主义基本原理同中国具体实际相结合、同中华优秀传统文化相结合，在马克思主义中国化理论成果指引下，带领全国各族人民走出了一条救国、建国、富国、强国的正确道路，推动中华民族迎来了从站起来、富起来到强起来的伟大飞跃。

　　一百年来，从推翻"三座大山"、为开展国家现代化建设创造根本社会条件，在革命时期就提出新民主主义工业化思想，到轰轰烈烈的社会主义工业化实践、"四个现代化"宏伟目标，"三步走"战略构想，"两个一百年"奋斗目标，中国共产党人对建设社会主义现代化强国的孜孜追求一刻也没有停歇。

　　新思想领航新征程，新时代铸就新伟业。

　　党的十八大以来，中国特色社会主义进入新时代，全面"强起来"的时代呼唤愈加热切。习近平新时代中国特色社会主义思想立足实现中华民族伟大复兴战略全局和世界百年未有之大变局，深刻回答了新时代建设什么样的社会主义现代化强国、怎样建设社会主义现代化强国等重大时代课题，擘画了建设社会主义现代化强国的宏伟蓝图和光明前景。

　　从党的十九大报告到党的十九届五中全会通过的《中共中央关于制定国民经济和社会发展第十四个五年规划和二〇三五年远景目标的建议》、党的十九届六中全会通过的《中共中央关于党的百年奋斗重大成就和历史经验的决议》，建设社会主义现代化强国的号角日益嘹亮、目标日益清晰、举措日益坚实。在以习近平同志为核心的党中央的宏伟擘画中，"人才强国"、"制造强国"、"科技强国"、"质量强国"、"航天强国"、"网络强国"、"交通强国"、"海洋强国"、"贸易强国"、"文化强国"、"体育强国"、"教育强国",以及"平安中国"、"美丽中国"、"数字中国"、"法治中国"、"健康中国"等,一个个强国目标接踵而至,一个个美好愿景深入人心,一个个扎实部署深入推进,推动各个领域的强国建设按下了快进键、迎来了新高潮。

"强起来",已经从历史深处的呼唤,发展成为我们这个时代的最高昂旋律;"强国建设",就是我们这个时代的最突出使命。为回应时代关切,2021年3月,我社发起并组织策划出版大型通俗理论读物——"问道·强国之路"丛书,围绕"强国建设"主题,系统集中进行梳理、诠释、展望,帮助引导大众特别是广大青年学习贯彻习近平新时代中国特色社会主义思想,踊跃投身社会主义现代化强国建设伟大实践,谱写壮美新时代之歌。

"问道·强国之路"丛书共17册,分别围绕党的十九大报告等党的重要文献提到的前述17个强国目标展开。

丛书以习近平新时代中国特色社会主义思想为指导,聚焦新时代建设什么样的社会主义现代化强国、怎样建设社会主义现代化强国,结合各领域实际,总结历史做法,借鉴国际经验,展现伟大成就,描绘光明前景,提出对策建议,具有重要的理论价值、宣传价值、出版价值和实践参考价值。

丛书突出通俗理论读物定位,注重政治性、理论性、宣传性、专业性、通俗性的统一。

丛书由中央党校哲学教研部副主任董振华教授担任主编,红旗文稿杂志社社长顾保国担任总审稿。各分册编写团队阵容权威齐整、组织有力，既有来自高校、研究机构的权威专家学者，也有来自部委相关部门的政策制定者、推动者和一线研究团队；既有建树卓著的资深理论工作者，也有实力雄厚的中青年专家。他们以高度的责任、热情和专业水准，不辞辛劳，只争朝夕，潜心创作，反复打磨，奉献出精品力作。

在共青团中央及有关部门的指导和支持下，经过各方一年多的共同努力，丛书于近期出版发行。

在此，向所有对本丛书给予关心、予以指导、参与创作和编辑出版的领导、专家和同志们诚挚致谢！

让我们深入学习贯彻习近平新时代中国特色社会主义思想，牢记初心使命，盯紧强国目标，奋发勇毅前行，以实际行动和优异成绩迎接党的二十大胜利召开！

中国青年出版社

2022年3月

"问道·强国之路"丛书总序:

沿着中国道路,阔步走向社会主义现代化强国

　　实现中华民族伟大复兴,就是中华民族近代以来最伟大的梦想。党的十九大提出到2020年全面建成小康社会,到2035年基本实现社会主义现代化,到本世纪中叶把我国建设成为富强民主文明和谐美丽的社会主义现代化强国。在中国这样一个十几亿人口的农业国家如何实现现代化、建成现代化强国,这是一项人类历史上前所未有的伟大事业,也是世界历史上从来没有遇到过的难题,中国共产党团结带领伟大的中国人民正在谱写着人类历史上的宏伟史诗。习近平总书记在庆祝改革开放40周年大会上指出:"建成社会主义现代化强国,实现中华民族伟大复兴,是一场接力跑,我们要一棒接着一棒跑下去,每一代人都要为下一代人跑出一个好成绩。"只有回看走过的路、比较别人的路、远眺前行的路,我们才能够弄清楚我

们为什么要出发、我们在哪里、我们要往哪里去，我们也才不会迷失远航的方向和道路。"他山之石，可以攻玉。"在建设社会主义现代化强国的历史进程中，我们理性分析借鉴世界强国的历史经验教训，清醒认识我们的历史方位和既有条件的利弊，问道强国之路，从而尊道贵德，才能让中华民族伟大复兴的中国道路越走越宽广。

一、历经革命、建设、改革，我们坚持走自己的路，开辟了一条走向伟大复兴的中国道路，吹响了走向社会主义现代化强国的时代号角。

党的十九大报告指出："改革开放之初，我们党发出了走自己的路、建设中国特色社会主义的伟大号召。从那时以来，我们党团结带领全国各族人民不懈奋斗，推动我国经济实力、科技实力、国防实力、综合国力进入世界前列，推动我国国际地位实现前所未有的提升，党的面貌、国家的面貌、人民的面貌、军队的面貌、中华民族的面貌发生了前所未有的变化，中华民族正以崭新姿态屹立于世界的东方。"中国特色社会主义所取得的辉煌成就，为中华民族伟大复兴奠定了坚实的基础，中国特色社会主义进入了新时代。这意味着中国特色社会主义道路、理论、制度、文化不断发展，拓展了发展中国家走向现代化的途径，给世界上那些既希望加快发展又希望保持自身独立性的国家和民族提供了全新选择，为解决人类问题贡献了中国智慧和中国方案，同时也昭示着中华民族伟大复兴的美好前景。

新中国成立70多年来，我们党领导人民创造了世所罕见的经济快速发展奇迹和社会长期稳定奇迹，以无可辩驳的事实宣示了中国道路具有独特优势，是实现伟大梦想的光明大道。习近平总书记在《关于〈中共中央关于制定国民经济和社会发展第十四个五年规划和二〇三五年远景目标的建议〉的说明》中指出："我国有独特的政治优势、制度优势、发展优势和机遇优势，经济社会发展依然有诸多有利条件，我们完全有信心、有底气、有能力谱写'两大奇迹'新篇章。"但是，中华民族伟大复兴绝不是轻轻松松、敲锣打鼓就能实现的，全党必须准备付出更为艰巨、更为艰苦的努力。

过去成功并不意味着未来一定成功。如果我们不能找到中国道路成功背后的"所以然"，那么，即使我们实践上确实取得了巨大成功，这个成功也可能会是偶然的。怎么保证这个成功是必然的，持续下去走向未来？关键在于能够发现背后的必然性，即找到规律性，也就是在纷繁复杂的现象背后找到中国道路的成功之"道"。只有"问道"，方能"悟道"，而后"明道"，也才能够从心所欲不逾矩而"行道"。只有找到了中国道路和中国方案背后的中国智慧，我们才能够明白哪些是根本的因素必须坚持，哪些是偶然的因素可以变通，这样我们才能够确保中国道路走得更宽更远，取得更大的成就，其他国家和民族的现代化道路才可以从中国道路中获得智慧和启示。唯有如此，中国道路才具有普遍意义和世界意义。

二、世界历史沧桑巨变，照抄照搬资本主义实现强国是没有出路的，我们必须走出中国式现代化道路。

现代化是18世纪以来的世界潮流，体现了社会发展和人类文明的深刻变化。但是，正如马克思早就向我们揭示的，资本主义自我调整和扩张的过程不仅是各种矛盾和困境丛生的过程，也是逐渐丧失其生命力的过程。肇始于西方的、资本主导下的工业化和现代化在创造了丰富的物质财富的同时，也拉大了贫富差距，引发了环境问题，失落了精神家园。而纵观当今世界，资本主义主导的国际政治经济体系弊端丛生，中国之治与西方乱象形成鲜明对比。照抄照搬西方道路，不仅在道义上是和全人类共同价值相悖的，而且在现实上是根本走不通的邪路。

社会主义是作为对资本主义的超越而存在的，其得以成立和得以存在的价值和理由，就是要在解放和发展生产力的基础上，消灭剥削，消除两极分化，最终实现共同富裕。中国共产党领导的社会主义现代化，始终把维护好、发展好人民的根本利益作为一切工作的出发点，让人民共享现代化成果。事实雄辩地证明，社会主义现代化建设不仅造福全体中国人民，而且对促进地区繁荣、增进各国人民福祉将发挥积极的推动作用。历史和实践充分证明，中国特色社会主义不仅引领世界社会主义走出了苏东剧变导致的低谷，而且重塑了社会主义与资本主义的关系，创新和发展了科学社会主义理论，用实践证明了马克思主义并没有过时，依然显示出科学思想的伟力，对世界社会主义发展具有深远历史意义。

从现代化道路的生成规律来看，虽然不同的民族和国家在谋求现代化的进程中存在着共性的一面，但由于各个民族和国家存在着诸多差异，从而在道路选择上也必定存在诸多差异。习近平总书记指出："世界上没有放之四海而皆准的具体发展模式，也没有一成不变的发展道路。历史条件的多样性，决定了各国选择发展道路的多样性。"中国道路的成功向世界表明，人类的现代化道路是多元的而不是一元的，它拓展了人类现代化的道路，极大地激发了广大发展中国家"走自己道路"的信心。

三、中国式现代化遵循发展的规律性，蕴含着发展的实践辩证法，是全面发展的现代化。

中国道路所遵循的发展理念，在总结发展的历史经验、批判吸收传统发展理论的基础上，对"什么是发展"问题进行了本质追问，从真理维度深刻揭示了发展的规律性。发展本质上是指前进的变化，即事物从一种旧质态转变为新质态，从低级到高级、从无序到有序、从简单到复杂的上升运动。在发展理论中，"发展"本质上是指一个国家或地区由相对落后的不发达状态向相对先进的发达状态的过渡和转变，或者由发达状态向更加发达状态的过渡和转变，其内容包括经济、政治、社会、科技、文化、教育以及人自身等多方面的发展，是一个动态的、全面的社会转型和进步过程。发展不是一个简单的增长过程，而是一个在遵循自然规律、经济规律和社会规律基础上，通过结构优化实现的质的飞跃。

发展问题表现形式多种多样，例如人与自然关系的紧张、贫富差距过大、经济社会发展失衡、社会政治动荡等，但就其实质而言都是人类不断增长的需要与现实资源的稀缺性之间的矛盾的外化。我们解决发展问题，不可能通过片面地压抑和控制人类的需要这样的方式来实现，而只能通过不断创造和提供新的资源以满足不断增长的人类需要的路径来实现，这种解决发展问题的根本途径就是创新。改革开放40多年来，我们正是因为遵循经济发展规律，实施创新驱动发展战略，积极转变发展方式、优化经济结构、转换增长动力，积极扩大内需，实施区域协调发展战略，实施乡村振兴战略，坚决打好防范化解重大风险、精准脱贫、污染防治的攻坚战，才不断推动中国经济更高质量、更有效率、更加公平、更可持续地发展。

发展本质上是一个遵循社会规律、不断优化结构、实现协调发展的过程。协调既是发展手段又是发展目标，同时还是评价发展的标准和尺度，是发展两点论和重点论的统一，是发展平衡和不平衡的统一，是发展短板和潜力的统一。坚持协调发展，学会"弹钢琴"，增强发展的整体性、协调性，这是我国经济社会发展必须要遵循的基本原则和基本规律。改革开放40多年来，正是因为我们遵循社会发展规律，推动经济、政治、文化、社会、生态协调发展，促进区域、城乡、各个群体共同进步，才能着力解决人民群众所需所急所盼，让人民共享经济、政治、文化、社会、生态等各方面发展成果，有更多、更直接、更实在的获得感、幸福感、安全感，不断促进人的全面发展、全体人民共同富裕。

人类社会发展活动必须尊重自然、顺应自然、保护自然，遵循自然发展规律，否则就会遭到大自然的报复。生态环境没有替代品，用之不觉，失之难存。环境就是民生，青山就是美丽，蓝天也是幸福，绿水青山就是金山银山；保护环境就是保护生产力，改善环境就是发展生产力。正是遵循自然规律，我们始终坚持保护环境和节约资源，坚持推进生态文明建设，生态文明制度体系加快形成，主体功能区制度逐步健全，节能减排取得重大进展，重大生态保护和修复工程进展顺利，生态环境治理明显加强，积极参与和引导应对气候变化国际合作，中国人民生于斯、长于斯的家园更加美丽宜人。

正是基于对发展规律的遵循，中国人民沿着中国道路不断推动科学发展，创造了辉煌的中国奇迹。正如习近平总书记在庆祝改革开放40周年大会上的讲话中所指出的："40年春风化雨、春华秋实，改革开放极大改变了中国的面貌、中华民族的面貌、中国人民的面貌、中国共产党的面貌。中华民族迎来了从站起来、富起来到强起来的伟大飞跃！中国特色社会主义迎来了从创立、发展到完善的伟大飞跃！中国人民迎来了从温饱不足到小康富裕的伟大飞跃！中华民族正以崭新姿态屹立于世界的东方！"

有人曾经认为，西方文明是世界上最好的文明，西方的现代化道路是唯一可行的发展"范式"，西方的民主制度是唯一科学的政治模式。但是，经济持续快速发展、人民生活水平不断提高、综合国力大幅提升的"中国道路"，充分揭开了这些违背唯物辩证法"独断论"的迷雾。正如习近平总书记在庆祝改革开放40周年大会上的讲话中所指出的："在中国这样一个有着5000多年文明史、13亿多人口的大国推进改革发展，没有可以奉为金科玉律的教科书，也没有可以对中国人民颐指气使的教师爷。鲁迅先生说过：'什么是路？就是从没路的地方践踏出来的，从只有荆棘的地方开辟出来的。'"我们正是因为始终坚持解放思想、实事求是、与时俱进、求真务实，坚持马克思主义指导地位不动摇，坚持科学社会主义基本原则不动摇，勇敢推进理论创新、实践创新、制度创新以及文化创新以及各方面创新，才不断赋予中国特色社会主义以鲜明的实践特色、理论特色、民族特色、时代特色，形成了中国特色社会主义道路、理论、制度、文化，以不可辩驳的事实彰显了科学社会主义的鲜活生命力，社会主义的伟大旗帜始终在中国大地上高高飘扬！

四、中国式现代化是根植于中国文化传统的现代化，从根本上反对国强必霸的逻辑，向人类展示了中国智慧的世界历史意义。

《周易》有言："形而上者谓之道，形而下者谓之器。"每一个国家和民族的历史文化传统不同，面临的形势和任务不同，人民的需要和要求不同，他们谋求发展造福人民的具体路径当然可以不同，也必然不同。中国式现代化道路的开辟充分汲取了中国传统文化的智慧，给世界提供了中国气派和中国风格的思维方式，彰显了中国之"道"。

中国传统文化主张求同存异的和谐发展理念，认为万物相辅相成、相生相克、和实生物。《周易》有言："生生之谓易。"正是在阴阳对立和转化的过程中，世界上的万事万物才能够生生不息。《国语·郑语》中史伯说："夫和实生物，同则不继。以他平他谓之和，故能丰长而物归之；若以同裨同，尽乃弃矣。"《黄帝内经素问集注》指出："故发长也，按阴阳之道。孤阳不生，独阴不长。阴中有阳，阳中有阴。"二程（程颢、程颐）认为，对立之间存在着此消彼长的关系，对立双方是相互影响的。"万物莫不有对，一阴一阳，一善一恶，阳长而阴消，善增而恶减。"他们认为"消长相因，天之理也。""理必有对待，生生之本也。"正是在相互对立的两个方面相生相克、此消彼长的交互作用中，万事万物得以生成和毁灭，不断地生长和变化。这些思维理念在中国道路中也得到了充分的体现。中国道路主张合作共赢，共同发展才是真的发展，中国在发展过程中始终坚持互惠互利的原则，欢迎其他国家搭乘中国发展的"便车"。中国道路主张文明交流，一花独放不是春，世界正是因多彩而美丽，中国在国际舞台上坚持文明平等交流互鉴，反对"文明冲突"，提倡和而不同、兼收并蓄的理念，致力于世界不同文明之间的沟通对话。

中国传统文化主张世界大同的和谐理念，主张建设各美其美的和谐世界。为世界谋大同，深深植根于中华民族优秀传统文化之中，凝聚了几千年来中华民族追求大同社会的理想。不同的历史时期，人们都从不同的意义上对大同社会的理想图景进行过描绘。从《礼记》提出"天下为公，选贤与能，讲信修睦。故人不独亲其亲，不独子其子。使老有所终，壮有所用，幼有所长，鳏寡孤独废疾者皆有所养"的社会大同之梦，到陶渊明在《桃花源记》中描述的"黄发垂髫，并怡然自乐"的平静自得的生活场景，再到康有为《大同书》中提出的"大同"理想，以及孙中山发出的"天下为公"的呐喊，一代又一代的中国人，不管社会如何进步，文化如何发展，骨子里永恒不变的就是对大同世界的追求。习近平总书记强调："世界大同，和合共生，这些都是中国几千年文明一直秉持的理念。"这一论述充分体现了中华传统文化中的"天下情怀"。"天下情怀"一方面体现为"以和为贵"，中国自古就崇尚和平、反对战争，主张各国家、各民族和睦共处，在尊重文明多样性的基础上推动文明交流互鉴。另一方面则体现为合作共赢，中国从不主张非此即彼的零和博弈，始终倡导兼容并蓄的理念，我们希望世界各国能够携起手来共同应对全球挑战，希望通过汇聚大家的力量为解决全球性问题作出更多积极的贡献。

中国有世界观，世界也有中国观。一个拥有5000多年璀璨文明的东方古国，沿着社会主义道路一路前行，这注定是改变历史、创造未来的非凡历程。以历史的长时段看，中国的发展是一项属于全人类的进步事业，也终将为更多人所理解与支持。世界好，中国才能好。中国好，世界才更好。中国共产党是为中国人民谋幸福的党，也是为人类进步事业而奋斗的党，我们所做的一切就是为中国人民谋幸福、为中华民族谋复兴、为人类谋和平与发展。中国共产党的初心和使命，不仅是为中国人民谋幸福，为中华民族谋复兴，而且还包含为世界人民谋大同。为世界人民谋大同是为中国人民谋幸福和为中华民族谋复兴的逻辑必然，既体现了中国共产党关注世界发展和人类事业进步的天下情怀，也体现了中国共产党致力于实现"全人类解放"的崇高的共产主义远大理想，以及立志于推动构建"人类命运共同体"的使命担当和博大胸襟。

中华民族拥有在5000多年历史演进中形成的灿烂文明，中国共产党拥有百年奋斗实践和70多年执政兴国经验，我们积极学习借鉴人类文明的一切有益成果，欢迎一切有益的建议和善意的批评，但我们绝不接受"教师爷"般颐指气使的说教！揭示中国道路的成功密码，就是问"道"中国道路，也就是挖掘中国道路之中蕴含的中国智慧。吸收借鉴其他现代化强国的兴衰成败的经验教训，也就是问"道"强国之路的一般规律和基本原则。这个"道"不是一个具体的手段、具体的方法和具体的方略，而是可以为每个国家和民族选择"行道"之"器"提供必须要坚守的价值和基本原则。这个"道"是具有共通性的普遍智慧，可以启发其他国家和民族据此选择适合自己的发展道路，因而它具有世界意义。

路漫漫其修远兮，吾将上下而求索。"为天地立心，为生民立命，为往圣继绝学，为万世开太平"，是一切有理想、有抱负的哲学社会科学工作者都应该担负起的历史赋予的光荣使命。问道强国之路，为实现社会主义现代化强国提供智慧指引，是党的理论工作者义不容辞的社会责任。红旗文稿杂志社社长顾保国、中国青年出版社总编辑陈章乐在中央党校学习期间，深深沉思于问道强国之路这一"国之大者"，我也对此问题甚为关注，我们三人共同商定联合邀请国内相关领域权威专家一起"问道"。在中国青年出版社皮钧社长等的鼎力支持和领导组织下，经过各位专家学者和编辑一年的艰辛努力，几易其稿。这套丛书凝聚着每一位同仁不懈奋斗的辛勤汗水、殚精竭虑的深思智慧和饱含深情的热切厚望，终于像腹中婴儿一样怀着对未来的希望呱呱坠地。我们希望在强国路上，能够为中华民族的伟大复兴奉献绵薄之力。我们坚信，中国共产党和中国人民将在自己选择的道路上昂首阔步走下去，始终会把中国发展进步的命运牢牢掌握在自己手中！

是为序！

董振华

2022年3月于中央党校

前　言

随着现代科学技术的不断发展与进步，以互联网为代表的信息技术日新月异，引领了社会生产新变革，创造了人类生活新空间，拓展了国家治理新领域，极大提高了人类认识世界、改造世界的能力。正如习近平总书记指出："人工智能是引领这一轮科技革命和产业变革的战略性技术，具有溢出带动性很强的'头雁'效应。"[1]

自从1994年第一次全功能接入国际互联网以来，我国网民规模已经超过10亿，中国已成为名副其实的网络大国。在信息化浪潮席卷之下，建设网络强国必将成为我们"强起来"的重要体现，是实现中华民族伟大复兴的中国梦的重要之举，也是建设中国特色社会主义现代化强国的重要任务。从"网络大

---

[1].中共中央党史和文献研究院编：《习近平关于网络强国论述摘编》，北京：中央文献出版社2021年版，第119页。

国"到"网络强国",一字之变,预示着中国互联网进入全新的发展时期。2014年2月27日,在中央网络安全和信息化领导小组第一次会议上,习近平总书记提出:"要从国际国内大势出发,总体布局,统筹各方,创新发展,努力把我国建设成为网络强国。"[1]习近平总书记关于网络强国的重要思想从生产力与生产关系、经济基础与上层建筑的矛盾运动规律出发,站在我们党"过不了互联网这一关,就过不了长期执政这一关"的政治高度,从党和国家事业发展全局高度审视互联网发展,深刻阐释了网络信息技术必将成为全球技术创新的竞争高地,深入论证了网络强国建设事关党的长期执政,事关国家长治久安,事关经济社会发展和人民群众福祉,因此网络强国建设必须要融入社会主义现代化强国的各个环节。

党的十九大进一步对网络强国建设的一系列重大问题作出战略部署,为帮助人们加深对建设网络强国的认识,我们编写了这本《建设网络强国》。现阶段,网络已经成为信息传播的新渠道、生产生活的新空间、经济发展的新引擎、文化繁荣的新载体、社会治理的新平台、交流合作的新纽带、国家主权的新疆域。本书系统地论述了信息化变革带来的机遇和挑战,梳理了网络强国建设中七个重要的问题,力图向读者全方位地展示网络强国建设的宏伟蓝图。"十四五"规划纲要提出,我们要"迎接数字时代,激活数据要素潜能,推进网络强国建设,加快建设数字经济、数字社会、数字政府,以数字化转型整体

1.习近平:《习近平谈治国理政》(第一卷),北京:外文出版社2018年版,第197页。

驱动生产方式、生活方式和治理方式变革"[1]。我国正从网络大国向网络强国迈进，我们要在习近平新时代中国特色社会主义思想特别是习近平总书记关于网络强国的重要思想指引下，不断提高自主创新能力、加快信息基础设施建设、促使网络产业蓬勃发展、坚守网络主权阵地、强化网络安全保障能力、推动网络空间国际合作、培育高素质网络人才，引领国家经济的高质量发展、开拓全球网络治理新境界，不断书写网络强国建设的时代新篇章。

1.《中华人民共和国国民经济和社会发展第十四个五年规划和2035年远景目标纲要》，北京：人民出版社2021年版，第46页。

第 1 章

得网络者得天下

——全面建设网络强国的重要意义

信息化为中华民族带来了千载难逢的机遇。我们必须敏锐抓住信息化发展的历史机遇，加强网上正面宣传，维护网络安全，推动信息领域核心技术突破，发挥信息化对经济社会发展的引领作用，加强网信领域军民融合，主动参与网络空间国际治理进程，自主创新推进网络强国建设，为决胜全面建成小康社会、夺取新时代中国特色社会主义伟大胜利、实现中华民族伟大复兴的中国梦作出新的贡献。

——习近平总书记在全国网络安全和信息化工作会议上的讲话（2018年4月20日）

一、互联网改变生活

当1994年我国全功能接入国际互联网时，人们从未想过生活会因为互联网的存在和发展而出现巨大变化。回顾互联网在我国的发展历程，可以清楚地看到它如何改变了人们的生产、生活、学习、娱乐、消费方式，以及与世界交互的方式。在信息化时代背景下，互联网促使农业、制造业、服务业等行业的生产方式与发展模式发生变革；网络购物的兴起，使人们的购物方式更加多样、选择性更强，移动支付与人们的生活密不可分；网络社交的发展和不断成熟，改变了人们的传统社交观念，丰富了社会形态；数字技术与人工智能技术的不断更新，为人们的衣食住行提供了便利，智能化办公、无人驾驶、远程医疗等不再是梦想……互联网，正持续改变着人们生活的方方面面。

中国互联网络信息中心（CNNIC）发布的第48次《中国互联网络发展状况统计报告》显示，截至2021年6月，我国网民规模达10.11亿，较2020年12月增长2175万，互联网普及率达71.6%；我国网民的人均每周上网时长为26.9个小时，较2020年12月提升0.7个小时；我国农村网民规模为2.97亿，农村地区互联网普及率为59.2%，较2020年12月提升3.3个百分点，城乡互联网普及率差异进一步缩小至19.1个百分点；我国网上外卖用户规模达4.69亿，较2020年12月增长4976万；在线办公用户规模达3.81亿，较2020年12月增长3506万，网民使用率为37.7%；在线医疗用户规模达2.39亿，较2020年12月增长2453万，占网民整体的23.7%。

＜拓展阅读＞

1989年8月，国家计委立项的"中关村教育与科研示范网络"（NCFC）工程由中国科学院承担。1994年4月20日，NCFC与国际接轨，通过美国的Sprint公司连入了互联网，首次完成了中国与全球的互联网互联。"日月之行，若出其中；星汉灿烂，若出其里"，经过近30年的发展，中国的互联网从一条网速仅有64K的网线，发展成中国社会经济运行的基础支撑，全面渗透到了中国人民生产与生活的各个方面。互联网的深入发展深刻地改变了中国经济发展的格局，深刻地改变了中国传统的传媒形态，给中国经济社会的发展带来了全新气象，为国家治理体系和治理能力的现代化服务。

互联网改变了经济社会的整体面貌，改变了大众的生活方式，在基础应用、网络金融、电子商务、公共服务、在线政务、网络娱乐等领域给人们带来了新的体验，满足了人们对品质化、多元化、个性化生活的需求。例如，与传统购物方式相比，网络购物不仅实现了买家足不出户，在线上了解各种商品详情并进行价格比较，还能借助网络技术构建更多的互动场景，如打造3D成像、增设"直播入口"等，不断丰富着买家的线上购物体验。"双11""618"等已成为越来越多的人每年参与的"剁手节"。某平台"双11"的总交易额逐年上升，在2019年、2020年和2021年分别达到了2684亿元、4982亿元和5403亿元。巨大的交易额背后，体现出网络购物于人们生活中的影响力正在不断扩大。

互联网改变生活的另一个典型例子就是"直播"。在"全民直播时代"到来之前，直播常常与新闻、赛事、节目现场等结合，应用场景较为有限，而"全民直播时代"的到来，促使直播行业产生了巨大变化，最明显的就是直播电商业务的兴起。从2017年开始，我国直播电商的市场规模迅速扩大，2020年的直播电商交易额已经突破万亿元。根据第48次《中国互联网络发展状况统计报告》数据显示，截至2021年6月，我国电商直播用户规模为3.84亿，同比增长7524万，占网民整体的38.0%。"直播带货"的方式，正在改变传统的电商销售模式和商场销售模式，且目前已正式进入了规范化发展阶段。在我国的脱贫攻坚、乡村振兴伟大事业中，网络直播等新兴事物也起到了积极作用。例如，偏远地区的农民通过网络直播平台销售农产品或手工艺品，可以获得不错的收益，更好地改善生活水平。与此同时，"直播带货"还在一定程度上缓解了农产品滞销问题，积极助力建档立卡贫困户实现脱贫，成了消费扶贫的重要方式之一。

值得注意的是，新冠肺炎疫情期间，互联网在生活中的重要作用进一步凸显。疫情防控不仅是对我国卫生健康领域的一次检验，也对科学技术领域提出严峻考验。事实证明，在全国上下齐心抗疫的过程中，网络信息技术的作用不言而喻。健康码、线上医疗服务、电商平台等，为人们做好疫情防控、维护经济社会秩序提供了有力支持；一系列线上办公软件、管理软件为居家办公、居家学习和企业复工、学生复课提供了有力保障[1]；对大数据

1.根据《2020年中国互联网发展趋势报告》显示，智能移动办公平台"钉钉"的日活跃用户峰值超过1.1亿。

的应用，更是在疫情防控、行程追踪、流行病学调查等方面发挥了至关重要的作用。

　　互联网对未成年人的影响也在日益加深。2021年7月，中国互联网络信息中心发布的《2020年全国未成年人互联网使用情况研究报告》显示，我国未成年网民的规模不断增长，触网低龄化趋势愈加明显。大部分未成年人都拥有自己的上网设备，新型智能终端普及迅速。2020年，我国未成年人互联网普及率达到了94.9%，未成年网民的数量达到1.83亿，独立拥有上网设备比率达到了82.9%，手机上网比率高达65%。疫情防控期间，许多学校开展线上教学，加快提升了未成年人互联网普及率。据报告统计，2020年有89.9%的未成年网民经常利用互联网进行学习，93.6%的未成年网民在疫情期间通过网上课堂进行学习。截至2020年3月，我国在线教育的用户数量达到4.23亿，教育部为保证学生"停课不停学"推出新举措，共组织了22个线上课程平台，免费开设了2.4万门在线课程[1]，为学生学业不受疫情影响提供了有力保障。

　　从电子商务到移动支付，从线上教育到远程医疗，从智能交通到智能航空航天，互联网参与构建的数字世界改变着人们的生活。随着互联网普及率的不断提升，如今我国已形成全球最为庞大的、生机勃勃的数字社会，互联网与人们的生活已经紧密相连。

1.参见第45次《中国互联网络发展状况统计报告》。

二、网络强国与现代化建设

当前，人类社会正在经历新一轮信息革命带来的历史性巨变，新一代信息技术已经全面融入社会生产生活，引领着产业技术、商业模式等实现革命性变化和突破性创新，重构并锻造着国家核心竞争力，深刻改变着全球经济格局、利益格局和安全格局，深远影响着各国的经济社会发展、国家管理、社会治理和人民生活。顺应历史发展规律，抓住信息化发展的历史机遇，对世界各国的发展都是至关重要的。习近平总书记指出："当今世界，一场新的全方位综合国力竞争正在全球展开。能不能适应和引领互联网发展，成为决定大国兴衰的一个关键。世界各大国均把信息化作为国家战略重点和优先发展方向，围绕网络空间发展主导权、制网权的争夺日趋激烈，世界权力图谱因信息化而被重新绘

* 2021年9月26日，2021年世界互联网大会乌镇峰会在浙江乌镇开幕（新华社，记者丁洪法摄）

制，互联网成为影响世界的重要力量。当今世界，谁掌握了互联网，谁就把握住了时代主动权；谁轻视互联网，谁就会被时代所抛弃。一定程度上可以说，得网络者得天下。"[1]

党的十八大以来，以习近平同志为核心的党中央从进行具有许多新的历史特点的伟大斗争出发，重视互联网、发展互联网、治理互联网，统筹协调涉及政治、经济、文化、社会、军事等领域网络安全和信息化重大问题，作出一系列重大决策、实施一系列重大举措，推动我国网信事业取得历史性成就，走出一条中国特色治网之道[2]。习近平总书记围绕网络强国建设发表一系列重要论述，提出一系列新思想新观点新论断，为新时代网信事业发展提供了根本遵循。

建设网络强国，是我国现代化建设中重要的一环。如今信息化、网络化是世界发展的显著趋势，强化网络强国建设不仅可以引领国家经济的高质量发展，还可以提升国家综合竞争力，是建设"富强民主文明和谐美丽"的社会主义现代化强国的重要任务。习近平总书记针对我国互联网的发展与治理创新性地提出了网络强国战略思想，这是新时代中国特色社会主义理论与实践的创新成果，也是中国共产党实事求是、与时俱进的品格体现。着眼于当前波诡云谲的国际形势，面对世界互联网飞速发展的趋势和我国互联网发展的基本状况，我国的互联网建设应坚持以网络强国战略思想为指导，积极推动网络强国建设、构建网络空间命

1.中共中央党史和文献研究院编：《习近平关于网络强国论述摘编》，北京：中央文献出版社2021年版，第41页。
2.中共中央党史和文献研究院编：《习近平关于网络强国论述摘编》，北京：中央文献出版社2021年版，出版说明。

运共同体；应当重视信息基础设施建设、增强自主创新能力、全面发展信息经济、推动网络安全保障，将建设网络强国的战略部署与"两个一百年"奋斗目标紧密联系，同步推进。

"没有信息化就没有现代化。"网络强国战略将成为我国经济社会发展的重要推动力，也必将成为中国特色社会主义现代化建设的重点内容之一。网络强国战略既可以推动我国互联网技术的不断创新和发展，也能够促使互联网与经济社会实现更好的融合。网络强国战略要求我们既要发展信息化也要重视网络安全；既要城市协调发展也要区域协调发展；既要繁荣网络文化也要推进网络产业发展；既要实现经济效益也要实现社会效益。中国将始终是全球共同开放的重要推动者，将以更加开放的姿态，通过不断加深的国际合作交流提升信息技术水平，积极参与推动全球互联网的发展，构建有效的全球互联网治理体系。

< 拓展阅读 >

2015年，国家主席习近平出席第二届世界互联网大会开幕式并强调："我们的目标，就是要让互联网发展成果惠及13亿多中国人民，更好造福各国人民。"[1]加快建设网络强国是中国共产党坚持"人民至上"价值理念的重要体现。中国的现代化是全体人民实现共同富裕的现代化，在网络强国战略的推进过程中，中国共产党将继续坚持"人民至上"的价值理念，将人民的利益放在首位，坚持一切为了

1.习近平：《在第二届世界互联网大会开幕式上的讲话》（2015年12月16日），载《人民日报》，2015年12月17日，第2版。

人民、一切依靠人民；坚持发展为了人民、发展依靠人民、
发展成果由人民共享的基本原则。

三、习近平网络强国战略思想的发展历程

网络强国战略是为适应我国发展现状及谋划未来发展方向
提出的，是在我国信息化建设、"数字中国"的实践基础上提出
的。从我国开启信息化建设到"数字中国"概念的提出和实施，
再到网络强国战略的提出和实施，我国在发展过程中始终关注
着世界的发展趋势和发展方向，在不断探索中逐步掌握核心技
术，并在实践中引领世界发展的潮流。

（一）习近平网络强国战略思想形成的基础

1978年3月召开的全国科学大会上，邓小平提出"科学技
术是生产力"这一马克思主义论点。1983年，我国第一次将
信息技术纳入国家政策，并制定了与之相关的政策方针。1984
年10月，中共十二届三中全会通过了《中共中央关于经济体制
改革的决定》，标志着我国正式拉开了信息化的序幕。1986年
3月，中共中央和国务院决定实施《高新技术研究发展计划纲
要》，列举了七大重点发展领域，信息技术位列其中。

从20世纪90年代开始，我国相继启动了以"金关"工
程、"金卡"工程、"金税"工程为代表的重大信息化应用工程。
1995年10月召开的中共十四届五中全会通过了《中共中央关于
制定国民经济和社会发展"九五"计划和二〇一〇年远景目标的
建议》(以下简称《建议》)，《建议》提出了"加快国民经济信

息化进程”的战略任务。1996年3月，全国人大八届四次会议通过了《中华人民共和国国民经济和社会发展“九五”计划和2010年远景目标纲要》，其中“国民经济信息化程度显著提高”被列为“九五”计划的一项重要目标。1997年4月，中共中央、国务院的全国信息化工作会议对国家信息化作出了明确的定义，指出了国家信息化的指导方针、工作原则与主要任务，并科学论证了信息化体系六个要素，提出国家信息基础设施建设是中国互联网建设的重点，以及国家应当建立国家互联网信息中心和互联网交互中心。1998年3月，第九届全国人民代表大会批准成立信息产业部，并在1999年末成立了信息化领导小组。2000年10月，《中共中央关于制定国民经济和社会发展第十个五年计划的建议》在中共十五届五中全会上通过，列举了21世纪必须着重研究和解决的重大战略性、宏观性、政策性问题，“加强国民经济和社会信息化”名列其中。2001年3月，第九届全国人民代表大会第四次会议进一步研究制定了“加快推进国民经济和社会信息化”发展规划。2001年7月，信息产业部会同有关部委共同研究并制定了《国家信息化指标构成方案》。

党的十六大为了更好地发展工业化，提出了“以信息化带动工业化、以工业化促进信息化，走新型工业化道路”的战略部署。党的十六届五中全会提出了以推进国民经济和社会信息化为主的加快转变经济增长方式的总体要求。总体来讲，“十五”期间，国家对信息化发展作出了诸多重大战略部署及一系列重要战略决策决定，加快电子政务与电子商务发展、振兴信息产业、保障信息安全、加强信息资源利用与开发等一系列决策出台，各个部委与地方部门也从实际出发，不断贯彻落实中央决定、开拓进取。"十五"期间，我国的信息化建设得到了快速发展。

2006年，中共中央办公厅、国务院办公厅印发的《2006—2020年国家信息化发展战略》（以下简称《战略》）明确指出："信息化是当今世界发展的大趋势，是推动经济社会变革的重要力量。大力推进信息化，是覆盖我国现代化建设全局的战略举措，是贯彻落实科学发展观、全面建设小康社会、构建社会主义和谐社会和建设创新型国家的迫切需要和必然选择。"《战略》进一步明确了信息化发展的重点，在推进国民经济信息化、推进电子政务建设、推行先进的网络文化建设、加快社会信息化建设、推进信息化服务的基础设施建设、强化信息资源的利用与开发、促进国家信息产业竞争力提高、完善国家信息安全保障体系建设、提升国民应用信息技术的能力等方面作出切实可行的战略部署。

（二）习近平网络强国战略思想形成的过程

党的十八大以来，以习近平同志为核心的党中央立足新的历史方位，坚持实事求是、与时俱进，紧扣互联网的时代主题和发展脉搏，做了大量调研工作，发表了一系列重要论述。2012年12月7日，习近平总书记在考察腾讯公司时，科学界定和阐释了互联网的历史地位和重要意义，指出人类已进入互联网时代。2013年8月19日，在全国宣传思想工作会议上，习近平总书记指出："要依法加强网络社会管理，加强网络新技术新应用的管理，确保互联网可管可控，使我们的网络空间清朗起来。"2014年2月27日，在中央网络安全和信息化领导小组第一次会议上，习近平总书记指出："网络安全和信息化是事关国家安全和国家发展、事关广大人民群众工作生活的重大战略问题，要从国际国内大势出发，总体布局，统筹各方，创新发展，努力把我国建设成为网络强国。"[1]同时强调，"建设网络强国的战略部署要与'两个一百年'奋斗目标同步推进，向着网络基础设施基本普及、自主创新能力显著增强、信息经济全面发展、网络安全保障有力的目标不断前进"。[2]这次会议奠定了习近平网络强国战略思想的基础，第一次较为系统地阐述了网络强国战略思想的主要内涵和实现路径，为我国实现从网络大国到网络强国的转变展现了美好愿景、指明了行动方向。

2015年10月26日，党的十八届五中全会明确指出要实施网络强国战略，建设网络强国正式成为国家战略目标之一。2015年12月16日，第二届世界互联网大会在乌镇开幕，国家主席习近平在大会开幕式上发表重要讲话，指出"'十三五'时期，中国将大力实施网络强国战略、国家大数据战略、'互联网＋'行动计划，发展积极向上的网络文化，拓展网络经济空间，促进互联网和经济社会融合发展"[3]，并提出推进全球互联网治理体系变革的"四项原则"、构建网络空间命运共同体的"五点主张"，得到国际社会的广泛响应和积极支持。2013年至2015年，我国先后发布了《"宽带中国"战略及实施方案》《关于加快高速宽带网络建设推进网络提速降费的指导意见》《中华人民共和国网络安全法（草案）》《"互联网＋流通"行动计划》《关于促进互联网金融健康发展的指导意见》《促进大数据发展行动纲要》等，

1.习近平：《习近平谈治国理政》（第一卷），北京：外文出版社2018年版，第197页。
2.习近平：《习近平谈治国理政》（第一卷），北京：外文出版社2018年版，第198页。
3.习近平：《在第二届世界互联网大会开幕式上的讲话》（2015年12月16日），载《人民日报》，2015年12月17日，第2版。

这些重要文件从制度层面对网络强国战略进行了阐述。

2016年4月19日，在网络安全和信息化工作座谈会上，习近平总书记就网络生态建设、核心技术建设、网络安全、网信人才管理等方面，系统分析了我国网信事业发展现状，勾勒了网络强国战略的宏伟蓝图，进一步丰富完善了网络强国战略思想。2017年10月18日，党的十九大报告提出建设网络强国、数字中国、智慧社会等发展目标。2018年4月20日，在全国网络安全和信息化工作会议上，习近平总书记提出"信息化为中华民族带来了千载难逢的机遇"的论断，就加强网上正面宣传，维护网络安全，推动信息领域核心技术突破，发挥信息化对经济社会发展的引领作用，主动参与网络空间国际治理进程等重大问题给出答案、指明方向。此次讲话是科学回答网络安全和信息化重大理论与实践问题的马克思主义纲领性文献。由此，习近平网络强国战略思想正式形成。

随着全媒体时代的到来，推动媒体融合发展、建设全媒体已成为我们面临的一项紧迫课题。2019年1月25日，习近平总书记在中共中央政治局第十二次集体学习时指出："我们要加快推动媒体融合发展，使主流媒体具有强大传播力、引导力、影响力、公信力，形成网上网下同心圆，使全体人民在理想信念、价值理念、道德观念上紧紧团结在一起，让正能量更强劲、主旋律更高昂。"[1] 2020年11月23日，国家主席习近平向第六届世界互联网大会致贺信，强调："中国愿同世界各国一道，把握信息革命历史机遇，培育创新发展新动能，开创数字合作新局

1.习近平：《论党的宣传思想工作》，北京：中央文献出版社2020年版，第354页。

面，打造网络安全新格局，构建网络空间命运共同体，携手创造人类更加美好的未来"。[1] 相关论述展现了中国与世界各国携手构建网络空间命运共同体的真诚愿望，深刻彰显了一个负责任大国的担当与作为。

四、网络强国战略蓝图的勾勒

在这个网络充分融入生活、改变生活的时代，建设富强民主文明和谐美丽的社会主义现代化强国、实现中华民族的伟大复兴应该既体现在实体社会层面，也体现在虚拟社会层面。我国不仅应该成为网络大国，还应该致力于建设网络强国。因此，网络强国战略对于推动中国经济社会发展，建设富强民主文明和谐美丽的社会主义现代化强国有着重大的理论价值与实践意义。

习近平总书记指出："建设网络强国，要有自己的技术，有过硬的技术；要有丰富全面的信息服务，繁荣发展的网络文化；要有良好的信息基础设施，形成实力雄厚的信息经济；要有高素质的网络安全和信息化人才队伍；要积极开展双边、多边的互联网国际交流合作。"[2] 网络强国战略包括网络基础设施建设、信息通信业新的发展和网络信息安全三个方面。本书认为，建设网络强国离不开对网络技术创新、信息基础设施、网络产业、网络安全、网络主权、网络空间国际合作和网络人才等各方面的建设。其中，网络技术创新是网络强国之动力，信息基础设

1.中共中央党史和文献研究院编：《习近平关于网络强国论述摘编》，北京：中央文献出版社2021年版，第171页。

2.习近平：《习近平谈治国理政》（第一卷），北京：外文出版社2018年版，第198页。

施是网络强国之基石，网络产业是网络强国之支撑，网络安全
是网络强国之保障，网络主权是网络强国之阵地，网络空间国
际合作是网络强国之催化剂，网络人才是网络强国之关键。

（一）网络技术创新是网络强国之动力

党的十八大，以习近平同志为核心的党中央制定了创新驱
动发展战略。党的十九大进一步指出："创新是引领发展的第
一动力，是建设现代化经济体系的战略支撑。"[1]在网络强国建
设方面，网络科技创新是网络强国建设的加速器，直接关系着

* 2021年5月20日，第五届世界智能大会在天津梅江会展中心开幕，主题为"智
能新时代：赋能新发展、智构新格局"（新华社，记者赵子硕摄）

1.习近平：《决胜全面建成小康社会 夺取新时代中国特色社会主义伟大胜利——在中
国共产党第十九次全国代表大会上的报告》（2017年10月18日），载《人民日报》，
2017年10月28日第1版。

网络强国的建设进程。

我国的网络技术创新，要尽快在核心技术上取得突破。虽然，我国在互联网技术发展等方面已经取得了显著成果，云计算、人工智能、大数据等技术在国际上具有一定优势，但是我们也应该看到，在一些核心技术方面（例如核心元器件的研发和生产、信息资源共享能力等）与发达国家还存在一定差距。习近平总书记形象地指出："一个互联网企业即便规模再大、市值再高，如果核心元器件严重依赖外国，供应链的'命门'掌握在别人手里，那就好比在别人的墙基上砌房子，再大再漂亮也可能经不起风雨，甚至会不堪一击。"[1]

（二）信息基础设施是网络强国之基石

实现网络强国战略，最底层的设施建设是信息基础设施，包括信息传输系统的远程通信网络、有线和无线网络，以及移动网络建设等。信息基础设施是支撑中国数字经济高质量发展的客观需要，我国2015年提出了"新型基础设施"概念，内容包括5G、人工智能、工业互联网、物联网等。我国建成全球最大规模的4G网络后，于2017年开始建设基于5G技术的基站，进行测试并积极参与5G国际标准的制定。2019年7月30日，中共中央政治局召开会议并提出要加快建设新型基础设施。2021年，中共中央制定了《中华人民共和国国民经济和社会发展第十四个五年规划和2035年远景目标纲要》，明确

1.习近平：《在网络安全和信息化工作座谈会上的讲话》（2016年4月19日），载《人民日报》，2016年4月26日，第2版。

提出要"统筹推进传统基础设施和新型基础设施建设，打造系统完备、高效实用、智能绿色、安全可靠的现代化基础设施体系"[1]。新型基础设施建设主要由三个方面组成：首先是以信息技术演化生成的信息基础设施建设，其次是通过互联网、大数据等技术实现传统基础设施升级的融合基础设施建设，最后是具有公益属性特征的创新基础设施建设。

从历史的进程来看，基础设施建设深刻影响着国家经济发展。在互联网尚未诞生的时代，铁路、公路、水利等基础设施为工业化和城镇化的推进作出了巨大贡献。而自互联网诞生之日起，与网络相关的基础设施建设就成为美国具备网络领先地位的物质条件之一，谷歌、微软、苹果等网络巨头公司也崛地而起，并在之后的几十年中对世界产生了深刻影响。美国率先启用4G商用，带动了一大批互联网企业的诞生和发展，巩固了其自身的科技霸主地位。全球每一轮新的基础设施建设，都是有关国家相关技术制高点的竞技赛，也是国家之间综合实力的比拼。我国开展信息基础设施建设，不但可以提升国家竞争力，在补足传统基础设施短板的基础上形成新的发展动力，倒逼一些较为落后的国内企业进行技术升级和技术创新，同时将使人民享受到科技进步带来的成果，为人民带来更加美好的生活体验。

（三）网络产业是网络强国之支撑

产业转型通常可以概括为两种情况：一是为情势所迫进行

1.《中华人民共和国国民经济和社会发展第十四个五年规划和2035年远景目标纲要》，北京：人民出版社2021年版，第30页。

转型；二是根据行业发展趋势主动调整产业结构，进行产业转型。网络时代的到来，正在促使或逼迫传统产业进行转型升级，固守传统的产业发展方式势必影响企业的发展前景。新一代信息通信技术与经济社会各领域、各行业的跨界融合和深度融合，成为全球新一轮科技革命和产业革命的核心内容。在我国，移动互联网、大数据、物联网等技术正在推动经济转型过程中发挥作用。2015年3月5日，十二届全国人大三次会议上，政府工作报告中首次提出"互联网＋"行动计划，这是党和国家立足新一轮科技革命和产业革命的历史机遇提出的经济发展创新模式。我国将通过改革激发全社会经济发展的活力，促使新一代信息技术与传统产业深度融合，推动中国产业智能化升级，促使中国经济社会全面转型升级。

2016年1月27日，国务院常务会议决定，我国将进一步推动"中国制造"与"互联网＋"的融合发展。一方面，"中国制造"与"互联网＋"这两大领域之间存在着一定的交叉，"互联网＋制造"首先要补短板，通过加强制造业的自主研发能力、自主创新能力来加强工业技术和信息技术；其次要发挥长处，依托市场优势进一步获得主动权。另一方面，"互联网＋公共服务"已经成为政府提供公共服务的重要手段。近年来，互联网在公共服务领域蓬勃发展，"互联网＋"的模式为提升公共服务质量、化解公共产品供需矛盾提供了有效方案。随着人民群众生活水平的日益提高，人们对于教育、医疗、养老、公共交通等以社会保障为核心的公共服务需求不断扩大，在新一轮信息技术不断普及的背景下，通过互联网可以最大限度地满足相关需求。在2015年印发的《关于积极推进"互联网＋"行动的指导意见》中，国家明确了11项重点行动，其中互联网与公共服务相结合成为最大亮点，也构成了政府实现公共服务供给创新的重要平台。

全球市值领先企业所属行业是全球经济产业发展的风向标，代表着全球经济发展的主要方向。2020年，全球上市公司市值前10名的企业有7家为互联网科技企业，互联网企业上升趋势较为明显。我国网络产业也正逐步转向技术创新驱动的发展模式，智能技术领域不断突破，在部分技术领域呈现赶超趋势；服务国内市场的同时也在不断地通过拓展海外市场来积极推进全球化进程，促使发达国家和发展中国家同步发展。目前，中国网络产业的独角兽企业集中于电子商务领域，其规模仅次于美国[1]；与此同时，中国网络产业企业营收增幅超过美国同行业企业，网络产业正在改变着医疗、教育、餐饮、交通等传统领域的发展方式，其影响力正在超过以往技术产业革命的总和。

（四）网络安全是网络强国之保障

习近平总书记在2018年全国网络安全和信息化工作会议上强调："网络安全牵一发而动全身，深刻影响政治、经济、文化、社会、军事等各领域安全。没有网络安全就没有国家安全，就没有经济社会稳定运行，广大人民群众利益也难以得到保障。"[2]

---

1. "独角兽"企业通常是指成立不足10年且估值在10亿美元以上的初创企业。"独角兽"企业主要集中在高科技领域，尤其是互联网领域，被视为经济发展的重要风向标，代表着未来企业发展的趋势。
2. 中共中央党史和文献研究院编：《习近平关于网络强国论述摘编》，北京：中央文献出版社2021年版，第97～98页。

由此可见，网络安全是建设网络强国中不可忽视的组成部分。

在意识形态安全方面，新时代意识形态工作的重要内容之一就是维护网络空间意识形态安全。网络空间意识形态安全是国家安全的重要组成部分，在网络空间中，一些西方国家凭借技术优势不断宣扬自身的意识形态，甚至企图制造"颜色革命"，使网络成为意识形态渗透与反渗透的前沿阵地。站在维护国家安全和政权安全角度，网络空间的意识形态安全建设是至关重要的。"在互联网这个战场上，我们能否顶得住、打得赢，直接关系我国意识形态安全和政权安全。"[1]

要实现网络安全就要规范网络空间法治建设。网络空间不是法外之地，为保证网络空间的安全环境，维护网络使用者的权益，我国出台了一系列与网络空间相关的法律法规，不断推进网络执法、网络司法与网络普法。与此同时，我国也重视对网络空间中个人信息的保护，不但颁布了《中华人民共和国个人信息保护法》《未成年人网络保护条例》等法律制度，还定期进行网络环境的专项整治，维护良好的网络环境。

（五）网络主权是网络强国之阵地

构建和平、安全、开放、合作的网络空间，必须建立在世界各个国家都拥有并捍卫自身网络主权的基础之上。网络主权是国家主权在网络空间的自然延伸，对外要有效防止本国互联网遭受外部敌对势力的攻击与侵入，对内则是维护国家自身的互联网事

1.中共中央党史和文献研究院编：《习近平关于网络强国论述摘编》，北京：中央文献出版社2021年版，第51页。

业，确保国家独立自主地发展、监督与管理本国互联网事务。

网络霸权是指互联网技术发达的国家利用其网络技术发展中形成的优势，垄断与互联网相关的管理、技术、信息内容、意识形态等互联网核心部位的控制权，并制定双重标准对发展中国家进行限制和打压，垄断国际互联网规则的制定。网络霸权是对网络空间主权的侵犯。在目前的互联网世界中，网络霸权正在损害发展中国家的网络权利、践踏发展中国家网络空间的公平正义。2016年以前，支撑全球互联网运行的根服务器主要设立在美国[1]，12台副根服务器中除3台设置于英国、瑞典和日本之外，余下的9台均设在美国。2016年的"雪人计划"使得更多国家参与了互联网根服务器建设，25台IPv6服务器分别设置在16个国家，从此全球互联网形成了13台根服务器与25台IPv6服务器的格局。在"雪人计划"中，我国成功部署了一台IPv6服务器和3台副根服务器，打破了我国没有根服务器的历史，为我国更好地加入国际互联网治理体系打下了基础。

（六）网络空间国际合作是网络强国之催化剂

互联网技术的飞速发展，深刻地改变了人类的生产与生活方式，人类迎来了以互联网技术为代表的信息革命。"网络空间

---

1. "根服务器"就是互联网总服务器。用户访问网址的时候，要经过一个由网址到IP的转换过程，这个过程是通过访问DNS即"域名服务器"来完成的。由于互联网的发展始自美国，因此美国一直保持着对互联网域名及"根服务器"的控制。在提供域名解析的多级服务器中，处于最顶端的是13台域名根服务器，均由互联网名称与数字地址分配机构（ICANN）统一管理。2005年7月1日，美国政府宣布美国商务部将无限期保留对13台域名根服务器的监控权。

越来越成为信息传播的新渠道、生产生活的新空间、经济发展的新引擎、文化繁荣的新载体、社会治理的新平台、交流合作的新纽带、国家主权的新疆域"[1]。

习近平总书记指出："网络空间是人类共同的活动空间,网络空间前途命运应由世界各国共同掌握。各国应该加强沟通、扩大共识、深化合作,共同构建网络空间命运共同体。"[2] 在世界多极化、经济全球化、社会信息化、文化多样化的背景下,世界因互联网而更加紧密地联系在一起,全球治理体系也因此发生了深刻变革。2009 年以来,中国在东南亚国家联盟、上海合作组织、金砖国家等国际组织架构就网络安全进行了多边磋商和政策协调,签署了多项协定。针对网络空间国际合作,我国与其他国家先后签订了一系列战略合作协议,在互联网、云计算与大数据等领域与各国深入合作。2017 年,经中央网络安全和信息化领导小组批准,外交部和国家互联网信息办公室公布了《网络空间国际合作战略》,以和平发展、合作共赢为主题,以构建网络空间命运共同体为目标,就推动网络空间国际交流合作首次全面系统地提出中国主张。

网络空间国际合作背景下,一方面,中国坚定不移地走和平发展道路,坚持正确的义利观,推动新型国际关系的合作共赢。另一方面,我国在网络空间国际合作方面也面临着挑战,例如不同的意识形态在网络空间合作中互相制约、各国法律制

1.外交部、国家互联网信息办公室:《网络空间国际合作战略》,载《人民日报》,2017年3月2日,第17版。
2.习近平:《在第二届世界互联网大会开幕式上的讲话》(2015年12月16日),载《人民日报》,2015年12月17日,第2版。

度对跨国网络犯罪的认定存在差异等。共同维护网络空间的安全、构建网络空间命运共同体是各个国家共同的义务与责任，只有这样，才能建立起全球范围内民主、透明的互联网治理体系，进而为全人类的共同发展贡献力量。

（七）网络人才是网络强国之关键

2014年2月27日，在中央网络安全和信息化领导小组第一次会议上，习近平总书记指出："建设网络强国，要把人才资源汇聚起来，建设一支政治强、业务精、作风好的强大队伍。"[1]

与我国互联网事业的迅速发展相比，我国的网络人才培养正处于不断成长、完善的过程中，应用型网络人才尤其是网络空间安全人才缺口巨大。加快网络人才建设，既要明确网络人才培养原则，也要不断完善网络人才培养模式；既要加快培养我国自己的网络人才，也要积极吸纳国际上的网络人才。人才要引进来，更要留得住，要建立长效机制保证网络人才的培育及引进。努力构建"互联网＋"条件下的人才培养新模式，关键在于打破僵化体制，建立新的奖励与激励机制，让高科技人才尤其是网络人才在各个领域充分流动起来并发挥专业优势；要重视对复合型人才的培养，打破传统的学科界限与壁垒，真正实现学科交叉与学科融合，进一步提升人才的科研实干能力。与此同时，我国要积极借鉴其他国家网络人才建设的有效经验，与我国网络人才发展的方向与趋势相结合，打造出具有中国特色的网络人才培养体系。

1.习近平:《习近平谈治国理政》(第一卷),北京:外文出版社2018年版,第199页。

第 2 章

天工人巧日争新

——网络技术创新乃网络强国之动力

网络信息技术是全球研发投入最集中、创新最活跃、应用最广泛、辐射带动作用最大的技术创新领域，是全球技术创新的竞争高地。我们要顺应这一趋势，大力发展核心技术，加强关键信息基础设施安全保障，完善网络治理体系。要紧紧牵住核心技术自主创新这个"牛鼻子"，抓紧突破网络发展的前沿技术和具有国际竞争力的关键核心技术，加快推进国产自主可控替代计划，构建安全可控的信息技术体系。

——习近平总书记在十八届中央政治局第三十六次集体学习时的讲话（2016年10月9日）

一、网络技术创新的地位与价值

随着以互联网技术为代表的信息技术深入发展，人们的生活已经同互联网紧密联系在一起，"互联网 +"催生出的新业态、新模式正不断影响着经济、政治、社会、文化、生态等各个领域，以微信、微博、抖音等为代表的网络应用平台也深刻地影响甚至改变着人们的生产生活方式。当前，我国已经进入中国特色社会主义新时代，应当加强网络技术的创新与发展，让互联网更好地造福人民，让人民更好地享受互联网发展成果，不断满足对美好生活的向往。

（一）网络技术创新的地位

"创新"这一概念，最早是由美籍奥地利政治经济学家约瑟夫·熊彼特提出的，一方面是指对生产技术的研究创造；另一方面是指将研发出来的新技术、新产品运用到生产流程，投入市场中。网络技术创新是将互联网和技术产品结合起来，使互联网更好地投入人们的生产生活之中，让互联网更高效、更精准地服务于人民的需要，更好地造福人民。

党的十八大以来，党中央始终高度重视信息技术发展与互联网治理，统筹经济社会发展的各个方面同互联网深度融合，在网络技术创新方面取得历史性成就。党的十九大报告在谋划部署建设社会主义现代化强国时，再次提及网络强国战略，并提出"加强应用基础研究，拓展实施国家重大科技项目，突出关键共性技术、前沿引领技术、现代工程技术、颠覆性技术创新，为建设科技强国、质量强国、航天强国、网络强国、交通强国、数字中国、智慧社会提供有力支撑"。建设网络强国，对于优化经济体系具有重要作用，而在经济社会发展的各个领域中，网络技术创新对于深入推动实施人才强国战略、加快建设科技强国具有直接推动作用。因此，我国应该推动信息领域核心技术与关键技术的突破，发挥信息技术创新发展对经济社会各个方面的引领作用。

网络技术创新发展，有助于我国掌握互联网信息技术竞争发展的主动权，有助于我国汇聚起建设和发展网络强国的强大力量。已经迈入新时代的中国，面对信息化发展稍纵即逝的历史机遇，网络技术创新已经成为建设网络强国的迫切要求。网络信息时代，网络技术成为实现国家发展、人民幸福、社会安定的重要支撑，谁拥有了最新的网络技术，谁就能在网络竞争中占据主导地位，谁就拥有网络空间话语权。

＜拓展阅读＞

网络技术创新还深刻地影响甚至改变了一些经济落后地区的生产和发展方式，贵州武林山区就是典型之一。在基础设施相对落后的武林山区，不少品质较好的农产品"养在深闺人未识"。2015年，基层电商经营者华茜回到家乡，将土特产销售同电商经营结合起来，让红薯、野蜂蜜等纯绿色产品走进千家万户。类似的案例不胜枚举，正是因为我国网络技术实现了创新发展，才促进了山乡产业链的转型升级；正是因为农村的互联网建设取得了成效，才促进了农业提质增效、农村环境改善和农民收入提升。网络技术的发展，有力推动了我国农业农村高质量发展，网络扶贫也取得了很大成效，让更多农民享受到了网络技术创新的成果。

网络技术的创新发展，对于维护网络安全和国家安全也具有重要意义。目前，许多国家的网络空间都面临着严峻的防御瓶颈，不断受到勒索软件、恶意软件、加密劫持、虚假信息等各类形式的网络安全威胁，且形势越发严峻。2021年10月27日，欧盟网络和信息安全局（ENISA）发布了《ENISA 2021年威胁态势展望》报告，报告显示网络安全攻击在2020年和2021年持续增加，甚至受到新冠肺炎疫情的影响，使与疫情有关的网络安全威胁明显增多，严重危害了网络空间安全；与此同时，网络攻击的目标和攻击方式也越来越多，越来越难以预测，并且呈现网络攻击产业化的发展趋势。面对这样的现实情况，我们不但要提升网络安全意识，完善网络安全管理体系，还要持续加强网络核心技术创新，全面提升网络安全防护能力，重视对网络安全人才的培养和储备。

（二）网络技术创新的价值

党的十九大报告完整勾画了我国建成社会主义现代化强国的时间表与路线图，并规划了"两个一百年"宏伟奋斗目标。富强民主文明和谐美丽的社会主义现代化强国的实现，需要科技发挥更大的导向作用。科技创新是引领发展的首要动力，也是建设现代化经济体系的强有力支撑，更是实现社会主义现代化强国的必由路径。随着互联网在推动经济社会发展中的作用越来越大，推动网络信息技术的创新与发展的重要性日益显著。

* 2021年6月17日，第五届未来网络发展大会在南京举行，参展人员介绍确定性网络在无人驾驶中的应用技术（新华社，记者季春鹏摄）

第一，推动网络技术创新发展是时代发展的要求。互联网让世界成为"地球村"，各个国家之间的联系越来越紧密。在互联网背景下，没有一个国家能将自身抽离出去，相互依存是世界经济发展的时代趋势，只有合作才能实现共赢。现阶段，世界正面临百年未有之大变局，而新冠肺炎疫情的发生更是加剧了大变局之"变"；与此同时，新一轮的产业革命继续演进，在时代考验面前，谁抓住了网络核心技术，谁就在时代竞争中掌握了主动权。

第二，推动网络技术创新发展是国家发展的需要。信息化为国家的发展带来了新的历史机遇，只有大力推动网络信息技术的创新与发展，实现数字经济助推经济社会发展，实施网络信息领域核心技术设备攻坚战略，我们的国家才能走在时代的前沿，才能在经济发展中处于优势地位，才能在经济发展和国际合作中掌握主动权。因此，我国必须加大对网络科技创新发展的重视程度，提升数字经济对经济发展的联动功能，加快构建经济发展新格局。

第三，推动网络技术创新发展是人民的需要。中国共产党从成立之日起，始终把人民立场作为根本立场。习近平总书记在庆祝中国共产党成立100周年"七一勋章"颁授仪式上强调："江山就是人民，人民就是江山。全党同志都要坚持人民立场、人民至上，坚持不懈为群众办实事做好事，始终保持同人民群众的血肉联系。"[1]我国经济社会发展就是为了造福人民，而当前推动网络技术创新发展，有助于我国在经济全球化浪潮中占据优势地位，从根本上讲是为了满足人民对美好生活的需要。近年来，网络技术创新对于我国强化公共卫生体系、实施健康中国战略具有重要意义，通过政务大数据的收集和整理，可以助力资源的优化配置，保障和改善民生。特别是面对疫情防控常态化局势，合理配置医疗卫生健康资源需要立足于更加精准的数据分析，只有这样才能更好地开展疫情数据监测并及时采取有效的预警防控措施，保障人民的生命安全。

＜拓展阅读＞

网络技术创新也可以促进教育事业的发展。《教育信息化"十三五"规划》强调要利用现代技术发展教育事业，比如云计算、大数据、优化资源管理和分享平台，依托网

1.习近平：《在"七一勋章"颁授仪式上的讲话》（2021年6月29日），载《人民日报》，2021年6月30日，第2版。

络发展平台实现对学生的管理和大数据分析，实现更加精准的因材施教；优化教育教学模式，实现教育资源的优化配置。在教育教学方面，利用数字网络技术可以帮助教师精准把握学生的个性和特点，洞察学生的学习过程和身心发展过程，从而找到个性化教育教学的模式与方法。网络技术创新也可以为学校、教师、家长搭建良好的平台，使沟通、引导更加便捷化，有助于促进学生群体的健康发展。

二、网络技术创新的国际借鉴

当今世界，网络信息技术发展突飞猛进，全方位融入了人们的日常工作和生活中，并重新构建起新的全球性的经济发展模式。世界主要发达国家已经将网络技术发展作为推动经济发展的创新点和增长点，并对网络技术创新重新定位，逐步构建新的战略方向。虽然我国在网络技术领域也取得了很大成就，尤其是在网络技术创新方面和互联网安全监管方面，但相对世界领先国家来讲，仍然存在较大差距。我们要提升网络技术创新领域的发展水平，提升战略谋划对网络技术创新的统筹安排，加强对发达国家网络技术创新领域成果的借鉴。

（一）加强保护知识产权

尊重智力成果的集中体现就是保护知识产权，这是对劳动价值的肯定。近代的专利保护制度产生于17世纪上半叶，随后，"专利说明书"制度、"专利要求"制度也逐渐衍生出来。从专利制度的演变过程可以看出，西方人十分重视保护知识产权，尤其是西方发达国家，在实践中不断完善了知识产权保护制度。其中，美国作为科技发展领先型国家，从提高知识产权保护的水平到扩大知识产权保护的涵盖范围，再到在国际事务中强调美国价值标准，形成了完备的知识产权保护体系；日本重视教育及知识产权保护，在提出"教育立国""科技立国"目标的同时，特别关注知识产权的重要性，提出了《知识产权战略大纲》等文件并出台了相关法律；韩国作为技术引进型国家，高度重视对科学技术的发展研究，高度重视高科技产业的发展，制定了到2025年发展为科技领先国家的目标，同时对知识产权的保护进行立法。相比之下，我国在知识产权保护方面还存在诸多不足，需要借助网络技术创新的不断发展，抓住机遇及时改革，对知识产权的保护做到井然有序，对侵犯知识产权的问题从根本上予以解决。

<拓展阅读>

　　侵犯知识产权的手段花样百出，难以监管，倘若放任自流，势必对网络环境造成损害，令原创者心寒。针对互联网领域出现的知识产权侵权问题，国务院印发了《"十四五"国家知识产权保护和运用规划》，对保护知识产权工作进行全面部署，其中包括互联网、大数据、人工智能等新领域新业态的知识产权保护措施：一方面统筹推进专利法、商标法、著作权法、反垄断法、科学技术进步法、电子商务法等相关法律法规的修改完善；另一方面健全大数据、人工智能、基因技术等新领域新业态知识产权保护制度，研究构建数据知识产权保护规则，完善开源知识产权和法律体系，完善电子商务领域知识

产权保护机制。

在迅速融入经济全球化浪潮的过程中，我国应借鉴国际经验，加强知识产权保护力度。一方面，在顶层设计上重视知识产权的重要地位，不断完善我国知识产权相关法律制度，通过法律手段实现知识产权保护。只有国家重视起来，才能充分调动人们的创造积极性，才能将技术真正同生产结合起来。另一方面，国家在具体政策上要加大企业对知识产权的研发和保护力度，鼓励企业形成符合自身发展的核心竞争能力；同时加强对保护知识产权人才的培养，建立和健全对相关人才的奖励与激励制度，创造有利于鼓励人才发展的环境，实现全民参与，让每个人都懂得知识产权不容侵犯。

（二）强健中国"芯"

建设网络强国，首先要有一颗强健的中国"芯"。近年来，我国在集成电路方面有了很大发展，对基础设施的保障、产业链的完善、提升产业相关技术发展都具有巨大的推动作用，但是核心技术仍然较为落后，尤其是芯片技术发展的滞后性，严重制约着我国相关产业的转型升级。现阶段，中国主导的5G国际移动通信标准及其广泛商用已经成为国际网络安全和信息化发展的重要衡量标准，这为中国"芯"追赶并超越国际领先水平提供了新的机遇。

我国应该抓住互联网、大数据、人工智能蓬勃发展的时代契机，利用互联网、人工智能等技术带动芯片产业格局的转型升级；在芯片产业规模质量稳步提升、细分领域实现重大突破的基础上，继续加大对芯片技术研发的资金投入和政策支持力度；充分利用国内外市场扩展芯片技术的发展空间，不断加强基础研发和创新能力，突破核心技术难题，为芯片产业的后续发展提供充足的动力。

（三）打通数字网络"大动脉"

2020年7月，中国信息通信研究院发布了《中国数字经济发展白皮书（2020年）》。据其统计，2019年，我国数字经济增加值规模达到35.8万亿元，占GDP比重达到36.2%。近年来，大数据中心成为国内各省发展建设的"香饽饽"，各类大数据中心如雨后春笋般涌现。我国的数据中心机架规模实现了飞速发展，近5年的年均增速达到了30%，为全球平均增速的2倍以上。截至2021年底，我国的数据中心机架规模达到了500万架。随着我国5G技术的发展及相关规划的完善，数字经济已经在全国遍地开花，有力推动了中国经济的高质量发展。

新冠肺炎疫情发生后，数字经济的优势得以全面扩大，各级政府也清晰地认识到数字经济对于助力制造业升级、实现经济发展的重要作用。在"后疫情时代"，疫情防控仍然处于常态化阶段，要让经济发展平稳运行，经济发展方式的创新势在必行。"迎接数字时代，激活数据要素潜能，推进网络强国建设，加快建设数字经济、数字社会、数字政府，以数字化转型整体驱动生产方式、生活方式和治理方式变革"[1]。数字经济的加快发展将促使

1.《中华人民共和国国民经济和社会发展第十四个五年规划和2035年远景目标纲要》，北京：人民出版社2021年版，第46页。

* 2021年6月6日，无人机拍摄的中国移动长三角（南京）云计算中心外景（新华社，记者杨磊摄）

信息资源深度整合，进一步打通我国经济社会发展的"大动脉"。

我国应在全国继续推进大数据中心体系建设，打造枢纽节点和以区域为发展中心的集群，推进工业同互联网相结合；以大数据、云计算为产业发展新亮点，引导数据中心向高技术、高效能方向发展；构建多层次的数字基础设施体系，推动建设公共数据共享交换平台，提升人工智能在数字网络发展过程中的影响力；高效、协同、融合创新发展互联网基础设施的互联互通，利用新技术对大数据的发展进行创造更新，让数字网络更加系统、更加精准地造福更多的网络用户。

三、网络技术创新的发展新趋势

提到网络技术创新，我们最先想到什么？大到航天航空、国家安全，小到和日常生活息息相关的扫地机器人、智能灯具。网络技术创新促进经济发展、为生活提供便利，在不同领域带给我们很多启发和思考。

（一）网络技术创新将成为经济发展的重要动力

在微观方面，网络技术创新正在为企业构建起全新的发展模式。随着网络技术创新的不断发展，新的活力不断注入各行各业，对企业的发展起到了推陈出新的作用。在宏观方面，网络技术创新不仅在产业领域发展势头迅猛，而且在全球发展问题上出奇制胜。网络技术创新成为全球技术创新和商业模式创新最深厚的动力源泉，在未来将继续促进发展，不断释放活力。当前，中国继续实施"互联网+"行动计划，推进"数字中国"的建设，同时大力发展共享经济，支持基于互联网的各种技术创新，以此提高经济发展的质量。随着网络创新技术的深入发展，线上线下的"双创"成为当前较为活跃的创新领域。基于互联网的产业技术创新，不仅关乎国计民生，而且给餐饮住宿、金融行业等产业插上"互联网+"的翅膀。

值得关注的是，中国的传统行业线下实体面临危机，急需网络技术不断创新，促进传统行业提质增效，改造升级。互联网与实体经济的深度融合，为新经济的发展增添了活力，人工智能、云计算、大数据、工业互联网等成为驱动企业数字化转型升级的重要动力，互联网平台通过人工智能、云计算、大数据等为实体经济持续赋能，推动数字经济发展已经成为经济增长的新引擎。据统计，截至2021年7月，我国已建成"5G+工业互联网"项目近1600个，覆盖了20多个国民经济重点行

业和领域，在实体经济向数字化、网络化、智能化转型升级中
发挥了重要作用。

（二）网络技术创新将使我们的生活越来越便利

网络技术的发展，让我们的生活有了更加便捷的体验。共
享充电宝随处可见，各类应用程序给我们的生活带来了更有针
对性的服务和体验，线上办公系统为居家办公提供了强大支
撑……畅快的网络沟通模式、便捷化的出行服务、新型的网络
营销模式、普惠化的在线医疗服务、数字化的知识学习环境等，
都可归结于网络技术的创新与发展。

近年来，我国继续加强对5G等核心技术的支持和投入，
根据《中国互联网发展报告（2021）》数据得知，截至2020
年底，我国5G网络用户数超过1.6亿，约占全球5G总用户数
的89%。5G技术拥有高宽带、低延时等特点，能让人们的网
上支付、下载、娱乐变得更顺畅、更便捷，也为不同领域的实
际工作带来了便利。例如，我国自主研发的"5G+AI"铁路智
慧机务系统于2019年正式投入使用，实现了在列车上高速转
储视频信息，较之前的转储效率提升了13倍，且全程无须人
工干预；2022年，我国自主研发的首套"5G+8K"转播车投
入使用，为观众提供优质的北京冬奥会非现场观赛服务。随着
5G网络的持续发展和深度覆盖，相关技术将进一步广泛应用
于学校、医院、景区、交通枢纽等场景，智能家居、无人驾驶、
远程操控等将不断突破技术瓶颈。与此同时，随着"5G+医
疗""5G+工业互联网""5G+区块链"等的全面展开，生活
在"5G+"时代的人们将享受到更多科技创新成果。

（三）网络技术创新将促使政务系统更加便捷

在网络技术创新的浪潮下，中国的政务服务体系与数字治理能力也发生着转变，主要体现在服务体系更加健全、服务功能更加完善、线上服务与线下服务紧密结合等方面。随着网上政务服务平台建设的不断标准化、规范化，群众办事难、审批难、跑腿多、证明多等问题得到了有效缓解。网上政务系统的不断创新和完善，推动政府决策和管理服务更加规范、透明，广大人民群众通过便捷化的网上政务平台，更好地实现了民主参与、民主决策，进一步落实了"让权力在阳光下运行"。人民是国家的主人，执政为民就要以人民的利益为出发点和落脚点，网络技术的不断创新，使得政府可以不断地把目光放到线上，在更多人参与、更多人建议、更多人表达的线上政务平台中发现工作中的不足并及时改进，通过激发人民群众的参政议政热情，不断提高政府决策的科学性及政府权力监督的便利性。网络技术的发展，使网络群众监督成为新兴的政治监督模式，网络调查、网络舆论等新形式在人民群众的政治生活和社会生活中发挥着多方面的作用。

网络创新技术对我国政治建设发挥了积极作用，为我国更好地践行数字治理提供了新思路和新方法，例如利用网络技术可以进一步提高政府工作的实效性、增加人民群众的政治参与度、健全人民当家做主制度体系等。为了促使网络技术在政治建设中发挥更好的作用，我们必须将网络环境建设放在重要位置，为广大网民提供良好的网上舆论氛围。

（四）网络技术创新将促进国际交往与合作越来越紧密

网络技术创新也会影响到国际交往。随着以网络技术为代表的信息技术不断扩散和网络技术创新的深入发展，国家治理领域也不断得到扩展。除了政治、经济、社会、文化等常规领域，网络技术创新也涉及国家主权、安全、发展利益等诸多方面，深刻影响着国际间的交往与合作。近年来，随着"网上丝绸之路"建设的推进，我国与共建"一带一路"国家在数字化、信息化技术以及数字基础设施建设领域的交流合作日益密切。《数字中国发展报告（2020年）》显示，我国与"一带一路"沿线十几个国家建成有关陆缆海缆，系统容量超过100Tbps，直接连通亚洲、非洲、欧洲等世界各地。随着交流合作的进一步深入，我国将与"一带一路"沿线国家在金融、数字、工程建设等领域开展更深入的合作，不断为"网上丝绸之路"建设赋予新时代内涵。

身处"后疫情时代"，我们要深刻认识网络技术创新的巨大潜力，认真领会构建网络空间命运共同体的重要意义，加快以网络技术创新驱动构建网络空间命运共同体的步伐，在国际协调合作中与世界各国一起解决好时代面临的课题，推动网络空间互联互通、共享共治，为开创人类发展更加美好的未来助力。

＜拓展阅读＞

2015年12月16日，第二届世界互联网大会在浙江乌镇开幕，主题是"互联互通、共享共治——构建网络空间命运共同体"。国家主席习近平出席并发表了重要讲话，指出"网络空间是人类共同的活动空间，网络空间前途命运应由世界各国共同掌握。各国应该加强沟通、扩大共识、深化合作，共同构建网络空间命运共同体"[1]，并就构建网络空间命运共同体提出了5点主张：第一，加快全球网络基础设施建设，促进互联互通；第二，打造网上文化交流共享平台，促进交流互鉴；第三，推动网络经济创新发展，促进共同繁荣；第四，保障网络安全，促进有序发展；第五，构建互联网治理体系，促进公平正义[2]。

1.习近平：《在第二届世界互联网大会开幕式上的讲话》（2015年12月16日），载《人民日报》，2015年12月17日，第2版。
2.习近平：《在第二届世界互联网大会开幕式上的讲话》（2015年12月16日），载《人民日报》，2015年12月17日，第2版。

第 **3** 章

万丈高楼平地起

——信息基础设施建设乃网络强国之基石

网络的本质在于互联，信息的价值在于互通。只有加强信息基础设施建设，铺就信息畅通之路，不断缩小不同国家、地区、人群间的信息鸿沟，才能让信息资源充分涌流。

　　——国家主席习近平在第二届世界互联网大会开幕式上的讲话（2015年12月16日）

一、信息基础设施建设是网络强国战略的基石

现阶段，世界已经进入了信息化发展的新阶段，信息生产和信息服务不断推动着时代的发展，很多国家意识到网络化、信息化已成为提升国家综合竞争力的强大动力，信息技术水平、网络技术水平成为国家科学技术进步的重要标志。对此，我国明确提出并实施网络强国战略，而建设网络强国是一个系统工程，涉及网络技术创新、信息基础设施建设、网络产业发展、网络信息安全、网络人才培育、网络空间合作等各个方面。其中，信息基础设施建设是国家网信事业发展的重要内容，拥有强大的、安全的信息基础设施，才能夯实网络强国建设的基础。习近平总书记在十八届中共中央政治局第三十六次集体学习时明确强调"要加大投入，加强信息基础设施建设"。2014年2月27日，习近平总书记主持召开中央网络安全和信息化领导小组第一次会议并发表重要讲话，数次提到"信息基础设施"[1]，由此可见信息基础设施建设之于网络强国战略的重要性。

习近平总书记指出："网络信息技术是全球研发投入最集中、创新最活跃、应用最广泛、辐射带动作用最大的技术创新领域，是全球技术创新的竞争高地。"[2]由此可见，良好的网络信息技术是国家和地区社会经济活动正常有序发展的保障，只有信息基础设施完备、拥有自主的核心技术与关键技术，才能

1.参见习近平：《习近平谈治国理政》（第一卷），北京：外文出版社2018年版，第198~199页。

2.中共中央党史和文献研究院编：《习近平关于网络强国论述摘编》，北京：中央文献出版社2021年版，第114页。

占领信息经济发展的高地。信息基础设施作为主要的信息传输系统，被广泛应用于政治、经济、文化、社会等各个领域，与我国经济社会发展息息相关，与人民的生产、生活紧密联系。信息基础设施建设还关系着国家安全与国家意识形态安全，是国家现代化建设的重要方面之一。党的十八大以来，我国加快推进了信息基础设施建设，网络覆盖范围不断扩大、信息传输能力不断增强、设施安全性不断提高，取得了举世瞩目的成就。随着互联网普及率的不断提升，我国的信息基础设施建设也在不断优化升级，并在教育、医疗、养老、交通等各个领域与传统服务供给实现了深度融合。移动互联网、大数据、信息消费等诸多数字化产业，也非常需要最底层的信息网络来承载传输，对于数字化内容的储存工作需要互联网数据中心完成。由此可见，海量数据的存储、分析、传输、交互，进而产生新的价值和经济增长点，必须依赖遍布各地的互联网数据中心和发达畅通的信息网络。因此在网络强国的总体战略中，对于以新一代信息网络和互联网数据中心为主构成的信息基础设施的建设，居于非常重要的基础地位。

在国家的鼓励、支持和引导下，我国信息基础设施建设成绩斐然，但是距离网络强国战略目标要求还有很大的发展空间，与发达国家的信息基础设施建设相比也存在一定差距。首先，城乡之间信息化发展程度很不平衡，和城市相比，一些农村与偏远地区的信息基础设施建设比较落后，网速慢、覆盖范围小等问题较为突出。习近平总书记强调："要加快信息基础设施建设和信息化服务普及，将重点放在贫困地区、边疆民族地区，降低使用成本，让老百姓用得上、用得起、用得好。"[1]要想实现以信息化推动工业现代化、新型城镇化和国家治理现代化，达到网络强国的信息基础设施建设标准，就必须让信息基础设施建设延伸到城市及农村的每个角落。其次，在固定宽带网络平均下载速率方面，我国与世界发达国家还存在很大差距。宽带下载速率是衡量一个国家互联网发展程度的重要衡量指标之一，人均宽带下载速率偏低，会影响该国互联网建设的推进及互联网产业的发展。最后，我国的关键信息基础设施建设有待进一步加强。关键信息基础设施是网络安全的重中之重，近年来，全球范围内针对关键信息基础设施的网络攻击破坏行为较为密集，我国将加快构建关键信息基础设施安全保障体系，抓紧制定完善关键信息基础设施保护的法律法规。

<拓展阅读>

　　受到地理环境、经济发展水平等因素影响，我国部分农村与偏远地区的信息基础设施建设不够完善，城乡信息基础设施建设存在一定差距。5G时代虽然已经到来，但不可否认的是，在农村与偏远地区实现5G网络普遍的、全面的覆盖也需要一个循序渐进的过程。一方面，信息基础设施建设要重点关注农村及偏远地区，切实提高农村及偏远地区的网络覆盖率，不断完善信息基础设施质量，协调推进5G网络建设和4G网络深度覆盖，引领农村及偏远地区信息基础设施全面升级。另一方面，城乡之间的"数字

1.中共中央党史和文献研究院编：《习近平关于网络强国论述摘编》，北京：中央文献出版社2021年版，第25页。

鸿沟"不仅体现在网络的覆盖率与质量等方面,还应重视民众的互联网应用水平,以及民众对信息的应用能力。因此,需要加大互联网知识的宣传、普及力度,提升民众应用互联网的能力,实现民众对互联网的真正共享。

二、信息基础设施建设的定义与特征

"十四五"规划纲要明确提出:"围绕强化数字转型、智能升级、融合创新支撑,布局建设信息基础设施、融合基础设施、创新基础设施等新型基础设施。"可以说,推进信息与网络基础设施建设,是培育我国经济发展新动能、扩展我国经济发展新空间及不断满足人民日益增长的美好生活需要的重大战略选择。

(一)信息基础设施建设的定义

信息基础设施(Information Infrastructure)是新型基础设施建设中重要的组成部分,也是我们生活中必不可少的一部分。1993年9月15日,"国家信息基础设施"一词在美国政府发表的《国家信息基础设施行动动议》(*The National Information Infrastructure: Agenda for Action*)中正式出现,其同义词是"信息高速公路",旨在要求全美建成一个由通信网、计算机、信息资源、用户信息设备等构成的信息网络,实现人、家庭、学校、政府、企业等的信息关联。在澳大利亚,国家关键信息设施被称为"国家信息基础设施",包括互联网、公共和私有网络、卫星通信等,以及驻留在网络和系统中的信息、应用和软件。伴随信息技术的发展进步,不同时期的人们对信息基础设施的认识和界定也在不断发生变化，特别是随着信息技术与网络技术的不断升级与发展，信息基础设施的外延也在不断扩展。2018年12月，中央经济工作会议首次提出"新基建"的概念，明确提出加快5G商用步伐，加强人工智能、工业互联网、物联网等新型基础设施建设。在我国当前阶段，信息基础设施是综合集成新一代信息技术而形成的支撑经济社会数字化发展的基础设施体系，如以被广泛关注的5G通信技术、利用信息传感设备把任何物品与互联网连接起来从而实现智能化识别与管理的物联网技术、实现全球工业级网络平台的工业互联技术等为代表的通信网络基础设施；可以模拟人类思维的人工智能、具有高灵活性与可扩展性的云计算等为代表的新技术基础设施；以正在高速发展的数据中心、智能计算中心等为代表的算力基础设施。

＊ 2021年11月7日，山东省青岛市即墨区的物流快递企业通过智能分拣系统分拣包裹（新华社，梁孝鹏摄）

　　当下我国的信息基础设施主要与新一代信息技术相关，信息基础设施建设是我国当前网络强国建设的重点，其中也包括了加快传统基础设施向融合基础设施、创新基础设施转变。融合基础设施是传统基础设施的转型升级，是将网络信息技术、数据技术、人工智能技术等深度应用于实践当中，从而实现智能交通、智慧能源等目标的基础设施建设。创新基础设施则主要应用于重大技术领域、科教领域、产业技术领域的创新性研究，具体来说，包括科学性的研究、新产品的研制、新技术的开发等。

（二）信息基础设施建设的特征

　　随着信息技术的发展，人们对信息资源的需求剧增，信息化的推进为国民经济和社会发展提供了重要支撑。中国的经济发展水平经历了高速发展时期，如今进入了新旧动能转换的关键时期。人们普遍认为，网络技术是有效推动经济发展的驱动力，能够推动科技和产业的新兴变革，并进一步促进经济结构的转型升级。信息基础设施是基础设施的重要组成部分，既有传统基础设施的一般特点，又有其独特性。这里主要分析信息基础设施的特性：

　　首先，以网络性为主导。信息基础设施具有较强的网络性，对互联互通的要求较高，融合趋势更加明显，技术体系更为综合。信息基础设施以网络性为主导，促进信息与数据更加高效通畅地流动，可以实现万物互联的信息网络，促进各类生产要素开放共享，融入国家和全球发展的大势。

　　其次，数字化与智能化。数字化与智能化是新一轮科技和产业革命的特点，也是信息基础设施的典型特征。数字化、智能化为各类生产要素的快速连接与交换、智能处理响应奠定基础，为新旧动能转换提供强大支撑。

再次，规模要求更高。信息基础设施与铁路、供电等传统基础设施所具备的自然垄断性相似，不同的是，信息基础设施的范围、规模及技术进步所产生的影响更大。信息基础设施为实现规模经济，对网络信息流量、内容和服务群体的规模要求更高。

最后，外部性。信息基础设施具有很强的外部性特点，主要表现在网络的外部性特征与网络产业的规模经济上。简单来说，信息产品和信息服务的效用会随着消费者购买数量的增加而上升，比如，对信息基础设施某一块内容、功能和连接的改进，于网络其他部分具有积极的溢出效应。

三、信息基础设施建设的主要内容

当前，我国正处在信息化快速发展的历史进程之中，信息基础设施已成为现代经济社会重要的基础设施，不仅在促进国家经济发展方面发挥着极为重要的作用，还在人民的生产、生活中起着重要的桥梁作用。习近平总书记指出："中国高度重视互联网发展，自21年前接入国际互联网以来，我们按照积极利用、科学发展、依法管理、确保安全的思路，加强信息基础设施建设，发展网络经济，推进信息惠民。"[1] 依照网络强国的要

1.习近平:《在第二届世界互联网大会开幕式上的讲话》(2015年12月16日)，载《人民日报》，2015年12月17日，第2版。

求，我国信息基础设施建设正在从如下几个方面推进。

（一）5G网络

第五代移动通信技术简称5G，是继4G后的一次全新的移动通信技术升级，具有高速率、低时延、大连接等特点，在信息基础设施中可以起到实现人机物互联的重要作用。伴随着我国信息技术的飞速发展，5G的发展进入了全新阶段，向着多元化、综合化、智能化的方向不断进步。2017年8月，国务院发布的《关于进一步扩大和升级信息消费 持续释放内需潜力的指导意见》中指出，我国要加快第五代移动通信（5G）标准研究、技术试验和产业推进。同年12月，国家发改委、工信部印发《信息基础设施重大工程建设三年行动方案》，提出围绕城乡的5G网络部署与宽带提升等领域开展工作。研发方面，国家将着力实现5G网络的产业链部署与安全保障；力争补齐5G芯片短板，完成第三阶段的测试；进一步完成5G网络商用部署，并推动形成5G全球统一标准。2019年，国家工信部正式向中国移动、中国联通、中国电信、中国广电发放了5G商用牌照，中国正式进入5G商用元年。2020年3月24日，为深入贯彻落实习近平总书记关于推动5G网络加快发展的重要讲话精神，全力推进5G网络建设、应用推广、技术发展和安全保障，充分发挥5G新型基础设施的规模效应和带动作用，支撑经济高质量发展，国家工信部印发《关于推动5G加快发展的通知》，明确提出加快5G网络建设部署、丰富5G技术应用场景、持续加大5G技术研发力度、着力构建5G安全保障体系、加强组织实施等18项措施，全力推进5G网络建设、应用推广、技术发展和安全保障。

＜拓展阅读＞

　　相较于4G网络，5G网络在传输速率方面实现了爆炸式增长，4G网络状态下的传输速率是100Mbps，而5G网络理论层面上的传输速率能够达到10Gbps。能够预见的是，伴随着5G技术手段的快速发展及成熟优化，网络的便利性将会进一步增强，可以借助智能终端分享高质量的电影、节目、游戏等。同时，5G网络还有一个明显特点，即灵活支持各种设备，除手机、平板电脑之外，在支撑智能手表、智能家庭设备等可佩戴设备方面获得了更为理想的效果。除此以外，在5G网络的支持下，可以大幅度改善无线网络和搜索信息服务器之间的连接状态，支持更多的使用率。

　　在信息基础设施的整体建设中，移动通信行业率先起步，而5G基站的建设则是移动通信行业的基础，更是5G网络的核心。5G基站的作用在于提供无线网络覆盖服务，确保无线终端设备与通信网络的数据连接，因此5G基站的架构及形态对5G网络的部署至关重要。从技术标准层次进行分析，相对于过去的2G网络、3G网络和4G网络，5G网络的工作频段更高，通常在3000~5000MHz频段。由于5G网络频段更高，信号在实际传播中的衰减会更快，所以对5G基站的密度要求就相应更高，这样才能保证信号传播的稳定性与有效性。高密度的5G基站建设依靠大规模多输入多输出的天线系统、新型编码

LDPC等技术手段，以保证5G网络具有超大的带宽和高速的传输效率。从逻辑功能角度看，5G网络基站又可以划分为5G基带单元与5G射频单元。5G基带单元涉及用户与控制面的协议处理，即NR基带协议处理，同时提供网络间、基站间的互联接口；5G射频单元负责射频信号的收发与处理，即基带信号和射频信号转换。5G网络技术商用以来，已经与工业、能源、医疗等各个领域完成融合，并为经济社会的数字化转型发挥了重要作用。据工信部统计，截至2022年4月末，中国已建成5G基站161.5万个，成为全球首个基于独立组网模式规模建设5G网络的国家，5G基站占移动基站总数的比例为16%。毫无疑问地讲，5G网络基站的建设为发展数字经济提供了至关重要的保障。

2021年7月5日，由工信部、网信办、发改委等十部门印发《5G应用"扬帆"行动计划（2021—2023年）》，提出2023年垂直行业领域大型工业企业的5G应用渗透率超过35%，进一步推动"5G+应用"的发展，每个重点行业打造100个以上5G应用标杆。由此可见，我国5G融合应用正处于规模化发展的关键期，未来5G在应用领域的探索将更加活跃。

（二）人工智能

2017年7月8日，国务院印发《新一代人工智能发展规划》（以下简称《规划》），明确了我国新一代人工智能发展的战略目标，即到2020年，人工智能总体技术和应用与世界先进水平同步，人工智能产业成为新的重要经济增长点，人工智能技术应用成为改善民生的新途径；到2025年，人工智能基

* 2021年7月8日，在 2021世界人工智能大会上展示的交互机械装置（新华社，胡智轩摄）

础理论实现重大突破，部分技术与应用达到世界领先水平，人工智能成为我国产业升级和经济转型的主要动力，智能社会建设取得积极进展；到2030年，人工智能理论、技术与应用总体达到世界领先水平，成为世界主要人工智能创新中心。同时，《规划》提出了发展新一代人工智能的重点任务，内容涵盖构建开放协同的人工智能科技创新体系、培育高端高效的智能经济、建设安全便捷的智能社会、加强人工智能领域军民融合、构建泛在安全高效的智能化基础设施体系、前瞻布局重大科技项目等。此后，在政产学研用各方的共同努力下，我国人工智能产业进入快速发展阶段，总体达到全球先进水平，多项技术位于世界前列。

时至今日，我国人工智能创新能力不断增强，图像识别、智能语音等技术不断进步，与人工智能相关的学术论文与专利的数量也遥遥领先；我国人工智能产业规模持续增长，京津冀、长三角、珠三角等地区已经形成了完备的人工智能产业链；随着我国人工智能的不断发展，人工智能与其他领域的融合应用也将不断深入，智能制造、智慧医疗、智慧交通等新模式将不断涌现并扩大，人工智能对传统行业发展的赋能作用将进一步凸显。

根据国家总体布局，人工智能将在创新资源丰富、发展基础较好的城市率先应用，这些城市也将成为人工智能引领高质量发展、支撑县域乡村振兴、优化城市治理等方面的试点，并逐步在全国推广。人工智能是新一轮信息科技革命的核心动能，正在深刻改变着经济增长模式、社会治理模式和人类生活方式。

＜拓展阅读＞

　　人工智能产业链包括三个层次：基础层、技术层和应用层。基础层为数据及算力资源，具体包括芯片、云计算、开发编译环境、数据支撑平台等关键环节，是支撑产业发展的基座；技术层包括各类算法与深度学习技术，并通过深度学习框架和开放平台实现对技术和算法的封装，以快速实现商业化；应用层主要负责人工智能技术与各个行业产业的深度融合，具有领域交叉、细分领域众多等特点，呈现出相互促进、繁荣发展的态势。

（三）物联网

物联网又称"传感网"，是指将各种信息传感设备，如射频识别（RFID）装置、红外感应器、全球定位系统、激光扫描器等与互联网连接起来，并形成一个可以实现智能化识别和可管理的网络。物联网技术是一种创新的、综合的高新科学技术，涉及内容广泛，包含了传感器、信号识别、定位及红外感知等各类技术，这些技术需要得到与其对应的硬件系统的支持。应用物联网技术需要系统根据初始设计参数实时采集系统数据，包括监控数据、智能家居设备连接数据、物理发声发光数据，以及热力数据和电气数据等。物联网中的"物"，一般指具有一定智能化特性的家居电气或公共基础设施，借助物联网系统，物与物、人与物之间可建立有效的沟通网络，并借助高速率的无线传输技术实现信息的交互与共享。从这个角度可以看出，物联网技术基于互联网，并且需要以传统的电信网络为信息的主要载体，进而可使不同功能的"物"联系起来，共同实现物联网的功能，满足用户的功能性需求。

目前，我国物联网技术发展空间较大，物联网连接数近些年实现快速增长，已经成为推动经济发展的重要生产力。物联网技术的应用领域十分广泛，无论是在工业、农业、交通、物流等基础设施领域，还是在教育、医疗、金融、旅游等服务业领域，都大有用武之地，甚至未来可以在国防军事领域发挥重要作用。总之，随着中国物联网市场的不断拓展，以及物联网技术在各领域各行业的不断渗透融合，未来将出现更多的新技术、新产品和新模式。

（四）工业互联网

现阶段，信息通信技术推动的新一轮科技革命和产业革命快速发展，互联网的发展已经从消费领域快速向生产领域扩展与深化，信息技术使得传统的工业经济发展更加网络化、智能化，并使它们深度融合，形成了新工业革命与互联网之间的创新发展，催生了工业互联网。工业互联网是传统工业经济与信息通信技术深度融合的产物，是新一代的新型基础设施、应用模式与工业生态，实现了人、机、物、系统的全面联结与互动，构建了覆盖全部产业链、价值链的制造与服务体系。可以说，工业互联网是未来工业发展的方向，其产业数字化、网络化、智能化的特点，促使工业互联网必将成为第四次工业革命的重要基石。

工业互联网绝不是互联网在工业中的简单应用，而是具备更为丰富的内涵和外延。工业互联网是一种全新的产业发展模式，以网络为平台、数据为要素重塑企业的形态、供应链与产业链。工业互联网不仅是产业数字化、网络化、智能化的基础设施，更是互联网、人工智能、大数据等信息技术与实体经济深度融合的经济模式，它将重塑企业的形态、供应链与产业链。工业互联网通过智能化升级，完成网络化改进，可以创建出高水平的、海量的数据平台，形成完善的服务体系，将资源进行有效连接，确保各项工作高效运转。工业互联网平台联系各个实体，以网络体系的形式进行资源配置，同时构建高水平的智能化大脑，这是将传统制造领域实现数字化转变的重要方式，为工业化深度发展、科技革命奠定了良好的基础。

当前我国很多地区都开始全面创建工业互联网平台，实现资源共享和使用，促进工业化全面发展。2020年12月22日，《工业互联网创新发展行动计划（2021—2023年）》经工业互联网专项工作组第二次会议审议通过正式印发，聚焦基础设施、融合应用、技术创新、产业生态、安全保障等五方面，制定了十一个重点行动和十项重点工程。"十四五"规划提出积极稳妥发展工业互联网，并将工业互联网作为数字经济重点产业，提出打造自主可控的标识解析体系、标准体系、安全管理体系，加强工业软件研发应用，培育形成具有国际影响力的工业互联网平台，推进"工业互联网＋智能制造"产业生态建设。中国工业互联网加快发展，未来可期。

四、信息基础设施建设的发展路径

随着信息网络技术的不断深入与拓展，许多国家也开始从国家顶层设计层面制定信息化发展战略。经济全球化促使国家之间的竞争日益激烈，各个国家都试图在新的历史高度上抢占信息网络技术的制高点，不断推动自身经济社会的发展。新时代背景下，我国的信息基础设施建设取得了辉煌的成就，有力支撑了经济社会的快速发展。但不可否认的是，我国的信息基础设施建设仍然存在很大的发展空间，我们应该抓住机遇，加速推进信息基础设施建设的步伐。

（一）新时代背景下信息基础设施的需求

1.设备互联、互通、互操作需求

随着信息基础设施建设的力度不断加大，我们迎来了5G时代，信息技术不断更迭，网速不断加快，更多的设备需要接入移动网络之中。创新的网络技术与服务不断更新、人民群众对数据流量的更多需求、各种网络技术应用的发展，都给接下来的网络技术及信息基础设施建设带来了巨大的机遇与挑战。

想要实现物物交流、物物互通、互相操作、共同交流，就必须抓住机遇，通过完备的基础设施建设助推万物互联的新模式的开启，将全球的物联网有效连接起来。

2.数据融合、共享、流通需求

在万物互联的时代，最大的挑战不仅是数据量的爆发式增长，更重要的是要做好物联时代的管理工作，完善对相关内容的治理，将大数据信息应用起来，更好地为经济发展服务。随着信息化的迅速发展，数据已经成为经济发展的新型生产要素，推动着我国经济社会的发展。2020年4月9日，中共中央、国务院印发《关于构建更加完善的要素市场化配置体制机制的意见》，明确指出要发挥好数据要素对其他要素的倍增作用。因此，只有加快数据的融合、共享、应用与挖掘，才能提高数据这种生产要素的流动性，充分发挥其重要价值。

3.高通量数据处理实时性响应需求

随着国家数字化程度的不断提高，数据的产生量大幅度提升，数据的产生方式也发生了显著的变化，处理数据的方式变得更加迅捷。从经济社会发展的未来趋势上看，加快数据流通的速度、节约使用成本成为衡量行业发展能力和竞争力的重要因素。众所周知，传统的大数据虽然能够满足人民群众的一般性需求，但在传播速度及流量供给上仍然不能达到理想的程度。因此，加快基础设施建设是高通量数据处理的有效需求，也是响应人民群众呼声的一般性需求。

（二）新时代背景下信息基础设施的发展趋势和制约因素

完善的信息基础设施是建设网络强国的基础，在追求发展的过程中，要着眼于经济发展的整体格局和全面布局，善于利用数字技术和网络技术等高新技术的发展成果和最新应用，实现信息化时代的全面发展。

1.新机遇：信息基础设施建设进程加快

信息基础设施建设的不断完备，促使网络的覆盖范围不断扩大、网络应用层次不断提升。新时代背景下，信息基础设施建设的一系列政策为经济发展的数字化升级提供了核心驱动力，具体体现在三个方面：首先，信息基础设施建设打通了金融链，投资机会增多，吸引了更多的社会资本，使各个行业的发展提速；其次，信息基础设施建设打通了产业链，让更多的企业不断加大信息化建设的投入力度，激发了广大企业的参与热情，引导更多的行业或企业主动参与建设；最后，信息基础设施建设打通了科技发展链，引来了更多的科技研发投入，促使技术水平不断提高，网络安全领域的核心技术也得到了相应突破，使人们有了安全性保障。从这几个方面可以看出，信息基础设施建设的发展速度非常快，未来的发展机遇不容忽视。

2.新技术：强化信息技术在各领域的深层次应用

近年来，信息技术渗透到了经济社会的方方面面，与科技、社会、文化及人民群众的生产生活都有着密切的关系。云计算、大数据、人工智能产业发展迅猛，产业之间相互依存、相互关联，形成了一套联合系统，对数字经济一体化的发展产生了巨大影响。为进一步响应国家发展战略，我们要不断加强技术的投入力度，让互联网技术的影响力波及范围更广。同时，还要强化信息化与工业化之间的融合并加快融合速度，促使经济社会的信息化水平稳步提升。信息技术的特点是绿色、低碳、智能，因此在驱动我国经济高质量发展的过程中可以发挥关键性的作用，而这些作用的充分发挥，需要依托于良好的信息基础设施的建设。建设网络强国，应该充分发挥信息技术的特点，促使整个生产过程的智能化、低碳化，实现经营管理的科学化与创新化，在不断改造传统产业发展模式的基础上推动经济社会的可持续发展。

3.新产业：信息基础设施的交叉融合有待推进

信息基础设施可以通过多种方式将不同网络连接，通过信息的高效与稳定传输，为大数据、云计算、人工智能等新一代信息技术应用提供更广阔的空间。在这个过程中，新基建涉及的信息基础设施，包括5G网络、大数据、云计算、人工智能、工业互联网、物联网等，将发挥越来越大的作用。网络强国战略旨在有效地、充分地整合各种信息技术，对传统产业进行改造与升级，培育出新型的产业并实现两者的协同发展。5G网络可以实现大容量数据的高效率、高稳定与低能耗的传输，但这些数据还需要通过云计算传输、数据存储和处理技术（即物联网、工业互联网等技术）的支撑，才能实现人机设备与下游链路之间的充分连接，海量的信息与数据才能得以有效转化。交叉融合的成果，将有助于信息基础设施建设覆盖到不同行业、不同发展领域，有利于全面赋能单项技术，提高整个行业资源配置的效率。因此，推进信息基础设施与各类信息技术的深入交叉融合，是建设网络强国的必然选择，也是推动经济高质量发展的必然要求。

综上所述，信息基础设施的不断普及和信息通信技术的飞跃发展，加快推动了互联网的发展。在新时代的背景下，加快信息基础设施建设能够助推网络强国的建设和发展进程，帮助人们把握好信息网络的发展方向，为互联网的发展迎来更好的前景。

（三）信息基础设施促进我国高质量发展的实现路径

中国的经济发展进入了新的阶段，不仅为世界各国创造了新的发展机遇，而且带来了新的发展趋势和新的变化。加快新型信息基础设施建设，促进经济高质量发展，是新一轮科技革命和产业变革的时代要求。

1.着眼整体格局，强化信息基础设施建设

信息基础设施建设是推动互联网技术应用和拓展的基础，因此在发展过程中，要着眼于经济发展的整体格局和全面布局，充分利用创新性发展思维和高新技术。当前，数字技术、网络技术等高新科技的发展对统筹推进信息网络建设有着极为重要的作用，因此，加快建构宽带的速度，将其融合到国家的信息基础设施建设层面尤为重要。

信息基础设施建设的重点在于以下几个方面：首先，重视光纤宽带网络的建设，采取多样化的建设模式，进一步推进光纤宽带的网络部署；优化光纤宽带的网络部署工作，不断提高宽带的普及率，优化宽带普遍服务项目，特别要注重农村及偏远地区的宽带网络建设。其次，加大政策支持力度，加快5G网络建设，提高网络覆盖率，不断优化网络结构，进一步改善和增强网络性能；利用好已有的网络资源提升新型互联网技术的速度，让网络技术的转型升级更加平滑。再次，稳妥推进商用网络建设，由于商用网络建设过程中涉及业务迁移，而业务迁移通常而言都是较为烦琐的，因此，要对互联网的核心架构做好理论概括，对关键技术进行研发并预先发挥其商用功能。最后，对整个物联网技术的研发、应用及推进要做到统一规划和部署，融合移动互联网、物联网、互联网三网的核心功能，加快国家传感信息中心建设。

2.瞄准新型要素，驱动我国经济高质量发展的动能转换

党的十九届四中全会首次明确将"数据"看作一种新型生产要素。这种新型的生产要素，其流动需要以信息基础设施建设作为支撑，在完备的信息基础设施基础上，可实现以新型生产要素驱动我国经济高质量发展。同时，新一代信息技术研发的基础也在于信息基础设施建设，尽管我国加速投资建设5G网络，大数据和人工智能领域的发展也相对迅速，但考虑到信息网络总体发展水平较低，新生产要素的可持续性也相当有限。因此，在实施网络强国战略的过程中，必须要加强政府对信息基础设施建设的支持力度。一方面，通过资金支持政策与投融资机制创新加快推进信息基础设施建设，改善基础设施市场准入，鼓励更多的私人资本投入信息基础设施建设；另一方面，信息基础设施建设需要国家的财政政策、货币金融政策、产业政策等方面配套，通过科学的协调政策体系助推网络强国目标的实现。

总之，我国已经进入经济发展新阶段，经济正从高速率的增长阶段向高质量的发展阶段转变。网络强国战略作为国家重要的发展战略之一，肩负着支撑经济高质量发展的重任，而信息基础设施建设更是这一战略的基石，它既是服务国家宏观战略的基础，也是推动科技革命和产业变革、促进经济结构转型升级的有效路径。

第 **4** 章

千磨万击还坚劲

——网络产业乃网络强国之支撑

世界经济加速向以网络信息技术产业为重要内容的经济活动转变。我们要把握这一历史契机，以信息化培育新动能，用新动能推动新发展。

　　——习近平总书记在十八届中央政治局第三十六次集体学习时的讲话（2016年10月9日）

一、网络时代的产业转型

人类工业发展史上的每一次变革，都承载着新旧生产关系的更迭。纵观世界文明史，人类社会先后经历了农业革命、工业革命、信息革命，每一次科技革命和产业革命都为发展带来质的飞跃。当今世界步入信息时代，数字化成为世界各国技术创新的重点和经济发展的关键，互联网技术紧跟时代脚步，以其快速高效的资源配置方式受到各国重视，在各领域、各行业得到广泛运用，国家、企业、社会及我们每个人都无法脱离互联网而存在。

就全世界范围来看，互联网与经济社会的发展密切联系，不断冲击着传统制造业。对我国而言，互联网经济已经成为我国转变经济发展方式、优化产业结构、实现国际国内双循环的重要一步。习近平总书记指出："互联网是二十世纪最伟大的发明之一，给人们的生产生活带来巨大变化，对很多领域的创新发展起到很强的带动作用。互联网发展给各行各业创新带来历史机遇。要充分发挥企业利用互联网转变发展方式的积极性，支持和鼓励企业开展技术创新、服务创新、商业模式创新，进行创业探索。鼓励企业更好服务社会，服务人民。要用好互联网带来的重大机遇，深入实施创新驱动发展战略。"[1]

近年来，伴随着互联网技术的蓬勃发展，我国经济的发展面临着新的挑战。第一，产业结构不太合理。虽然现阶段我国

1.中共中央党史和文献研究院编：《习近平关于网络强国论述摘编》，北京：中央文献出版社2021年版，第130页。

第三产业的比重快速提高，但是距发达国家还有一定差距；我国第二产业中也存在重工业比重偏高的问题，高污染、高排放、高能耗的重工业，不仅导致生态环境问题日益突出，也因其巨大的沉没成本而为重工业的高科技转型带来了挑战。第二，传统产业的产能过剩。尤其是一些传统制造业产能过剩，存量供给超过市场需求，尽管供给侧结构性改革取得了突出的成就，但依然面临供给体系与国内需求系统适配性不足的问题。第三，制造水平有待提高，自主创新能力亟须加强。虽然我国的科技创新已经取得了很大成绩，在高端计算机、航空航天、高铁等高端制造和高科技领域实现重大突破，但依旧有很多"卡脖子"技术。

撬动经济发展的杠杆是科技创新，发展互联网技术，为我国经济结构优化与产业结构升级带来了巨大的机遇。习近平总书记指出："近年来，新一轮科技革命和产业变革孕育兴起，带动了数字技术强势崛起，促进了产业深度融合，引领了服务经济蓬勃发展。"[1]信息化过程中，想要完成产业结构的高级化转变，实现以技术集约化为趋势的产业结构等，都离不开信息技术的"加持"。信息产业具有相关性，会产生明显的产业带动效应。信息技术对传统产业的改造，推动了产业结构的优化调整，极大地改善了生产要素所需的投入比例、投入量、生产组织方式及经营发展模式等，从而促进产业结构的优化整合。

1.习近平：《在2020年中国国际服务贸易交易会全球服务贸易峰会上的致辞》（2020年9月4日），载《人民日报》，2020年9月5日，第2版。

<拓展阅读>

"互联网+"在加速自身发展的同时还与产业融合发展，推动了数字经济提速。我国数字经济规模已达31.3万亿元，占GDP的34.8%，互联网成为中国发展的新引擎。新技术催生了新产业，如新冠肺炎疫情期间，不少数字企业创新商业模式，开发出和在线教育、网络视频、网络购物等相关的应用程序，加快了数字技术应用增长幅度，提升了经济发展质量、推动了产业结构优化、促进了产业转型升级，充分展现了网络技术发展带来的新机遇。

二、"互联网+"行动计划的稳步推进

"互联网+"是指以互联网为主的一套信息技术（包括移动互联网、云计算、大数据技术等）在经济、社会生活各部门扩散、应用的过程，是创新2.0下互联网发展的新形态、新业态。通俗地讲，"互联网+"就是"互联网+各个传统行业"，利用信息技术及网络平台，让互联网与传统行业深度融合，是一种创造性的网络产业发展生态。

"互联网+"行动计划既是新时代我国经济发展的重大战略之一，又是一个持续稳步推进的历程。2015年3月5日召开的十二届全国人大三次会议首次提出了"互联网+"行动计划。2015年7月4日，国务院印发了《关于积极推进"互联网+"行动的指导意见》，成为推动互联网由消费领域向生产领域拓展，加速提升产业发展水平，增强各行业创新能力，构筑经济社会发展新优势和新动能的重要举措。2015年10月召开的中共十八届五

中全会决定实施网络强国战略，实施"互联网＋"行动计划，发展分享经济，实施国家大数据战略。"十三五"规划建议明确指出：拓展网络经济空间，实施"互联网＋"行动计划。"十四五"规划明确提到"充分发挥海量数据和丰富应用场景优势，促进数字技术与实体经济深度融合，赋能传统产业转型升级，催生新产业新业态新模式，壮大经济发展新引擎"[1]。

当下，"互联网＋"已经成为培育我国经济发展新动能的强大动力。

＜拓展阅读＞

中国传统制造业的发展可划分为两个重要时期：1.改革开放至2015年"互联网＋"行动计划的提出。这一时期，中国传统制造业虽然快速增长，但主要特点是"大而不强"，行业构成仍以传统制造业为主体。我国传统制造业的国际竞争力很强，甚至在部分细分领域遥遥领先。我国31个制造业门类中，化学工业、食品加工制造、机械制造、汽车制造等七大类行业的实际增加值名列全球第一；我国500多种主要传统工业品中，有220多种产量居世界第一；传统工业制成品占比达到了全球的1/7。2.提出"互联网＋"行动计划后，中国经济从高速增长转向中高速增长阶段，中国传统制造业依靠互联网进行转型升级，成为创新发展的驱动力量。

1.《中华人民共和国国民经济和社会发展第十四个五年规划和2035年远景目标纲要》，北京：人民出版社2021年版，第46页。

　　"互联网＋医疗"以互联网为载体，利用信息技术融合传统医疗健康服务，形成医疗信息查询、电子健康档案、疾病风险评估、在线疾病咨询、电子处方、远程会诊，以及远程治疗和康复等多种形式的新型医疗健康服务业态。现阶段，我国医疗资源总体缺乏且分配不均匀，居民医疗卫生需求难以满足，加之人口老龄化问题正在凸显，因此人们对医疗卫生的相关需求进一步扩增。互联网的发展使得人们获取医疗信息的渠道更加便捷，云计算、大数据、AI等信息技术与医疗场景相结合，有助于挖掘人群潜在需求、突破时空限制、优化医疗资源配置、提高看病问诊的效率。

　　2018年4月，国务院办公厅印发的《关于促进"互联网＋医疗健康"发展的意见》促进了互联网与医疗健康深度融合。2019年6月，由国家卫生健康委负责制定的发展战略《健康中

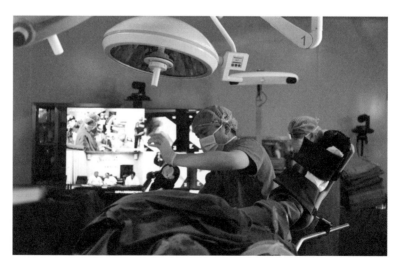

　　＊ 2021年4月19日，拉萨市人民医院骨科医生在北京积水潭医院专家远程指导下，使用骨科机器人开展骨科手术（新华社，记者孙瑞博摄）

国行动（2019—2030年）》，进一步关注到如何提高居民获取和理解健康信息和服务的能力问题。2020年，符合条件的互联网医疗服务被纳入医保报销范围，并在国务院办公厅印发的《关于进一步优化营商环境 更好服务市场主体的实施意见》中得到明确。新冠肺炎疫情的突发，更加促进了"互联网＋医疗"的迅猛发展，符合条件的"互联网＋医疗"服务将纳入医保范围。"互联网＋医疗"增设的免费问诊、短缺药登记、送药上门等服务，持续推动移动医疗市场不断扩大[1]。在未来，我们将深度融合信息技术与医疗技术，搭建互联网医疗平台，优化问诊流程，重构医疗服务生态体系，加速医疗结构改革，逐级扩散、深入发展"人工智能＋医疗"，线上监控医疗服务质量，为用户提供优质的医疗服务。"互联网＋医疗"还将通过物联网完成医疗数字化、数据云端化，深入挖掘和创新医疗服务的内容，实现未来大健康产业的发展。

"互联网＋教育"是以互联网、多媒体等新技术为基础的新型网络教育方式。网络教育提升了教育资源的可获得性，有利于人力资本的积累与经济增长，有助于教育公平性与包容性的提升。网络教育有五种类型：（1）基础网络教育。基础网络教育分为学前教育（幼儿园）、初等教育（小学）、中等教育（初中、中专、高中）三个阶段，均属于辅助教学培训活动，不提供学历。（2）高等网络教育。办学机构以公办高校为主体提供网络教育，学员可通过官方组织的考试获得学历文凭。（3）远程职业培训。远程职业培训对象不分年龄段，提供考试

1.参见亿欧智库发布的《2021中国互联网医疗内容行业研究报告》。

辅导、职业技能培训、认证培训，是社会培训机构参与最为活跃的网络教育。（4）企业 E-learning。企业 E-learning 既是一种企业团体培训，也是一种新型企业内训途径，以企业员工为培训对象。（5）网络教育服务。网络教育服务作为网络教育的延伸产业，无教学实体，通过网络教育门户、网络教育平台提供相关的教育服务。

"互联网＋教育"正呈现多样化的发展趋势。第一，互联网教育品质化。教育企业的成败，关键在于教学的品质与成效，互联网教育企业竞争的重心是教育资源和教育服务的品质。第二，营销数据精细化。为了满足用户个性化教育服务需求和提高教学质量，网络教育集中力量收集师资数据、用户需求数据，设置差异化的学习环境、个性化的学习课程，提升教学效率。第三，学习端移动化。移动互联网给用户提供了 PC 端和移动端并重的便利，打破了教育应用终端的空间限制和时间界限。第四，互联网教育社交化。构建师生双向互动的互联网学习环境，改善了学生独自学习时缺乏监督和互动的局面，提升了互联网教育的吸引力和生命力。第五，行业融合的多元化。行业融合不仅实现了互联网教育供给主体的多元化，还反映在企业供应链的多元化，传统教育机构、互联网企业和设备及软件服务商可以实现无缝对接。

"互联网＋金融"利用互联网与信息通信技术，将互联网企业与传统金融机构进行融通，形成支付、投资和信息中介服务，开辟了一种新型金融业务模式。互联网金融依据产品类型划分为两大类型：综合型互联网金融和垂直化互联网金融。从行业产业链角度来讲，互联网金融行业产业链由基础设施层、业务层和用户层构成。

基础设施层，第一环是为互联网金融企业提供资金清算服务的支付清算体系，凭借网联清算、中国银联两大机构完成；第二环是对传统金融机构改造和升级的金融IT设施；第三环是作为互联网金融业务安全基石的征信系统，应用于互联网信贷融资领域和部分反欺诈、身份验证、信用决策等场景。业务层，又称互联网金融平台，有网银、支付、投资理财、信贷融资四种业务模式，从资金供给端发力，以消费、理财、资产管理为核心业务，满足大众消费升级和资产增值需求。用户层包括个人用户、企业用户和金融机构。

随着"互联网＋金融"的不断发展，中国的网络金融具有良好的发展前景。一方面，互联网金融企业将进一步深化"平台化"运营，以此作为企业可持续发展和获得更多市场发展空间的核心驱动力之一。"平台化"是指互联网金融企业借助互联网信息技术连接众多互联网金融行业参与者，集聚行业资源实现互动与交易的一种经营模式。"平台化"经营模式下的企业具有双重身份，分别为产品与服务提供方、平台连接者与整合者，其企业运营思维由客户思维转向用户思维，以开放共享资源的模式活跃用户，实现用户流量变现。另一方面，部分互联网金融企业向科技平台加速转型。在国家政策的监管严令下，互联网金融企业的支付业务、征信、消费金融等领域的盈利空间受到挤压，且在纯金融业务层面，互联网巨头、初创企业等参与者难以与传统金融机构巨头抗衡。金融牌照是互联网金融企业合规开展业务的核心基础，但部分金融牌照的获取需企业的注册资本达标，导致互联网金融前期运营成本增高。因此，部分互联网金融企业强化科技属性，调整经营架构，向传统银行、保险、基金等金融机构输出技术服务。

"互联网＋餐饮"利用互联网拓展餐饮企业业务范围和为消费者提供便利服务。网络餐饮为企业搭建互联网服务平台，餐饮服务延展囊括了外卖、团购、在线菜谱、在线订餐点餐等细分领域。"互联网＋餐饮"的发展面临着诸多机遇：第一，餐饮消费体验升级。居民收入的稳步增长提高了居民的餐饮消费能力，居民消费观念的更新带动国内旅游，进一步促进了餐饮市场的繁荣。第二，传统餐饮企业创新。餐饮业个性化服务带给消费者舒适感，智能化营销模式节约运营成本，移动互联网技术颠覆了餐饮业旧有的运营模式。第三，信息技术创新支撑。信息系统凭借简单操作、完整收费和管理系统，为经营者提供了强大的会员管理、财务数据分析、物流管理功能，提高了餐饮业经营水平，增加了实际收益。

未来，"互联网＋餐饮"将进一步满足站在潮流前沿的"90后""00后"群体，打造更高效、更优质的用餐体验，满足消费者的个性化需求。

"互联网＋旅游"为旅游消费者开辟集酒店、机场、景区于一体的，支持网络查询、支付、订票、评价服务和推广等多样旅游产品的新型服务。"互联网＋旅游"的产业链由五部分构成：第一部分是上游供应商，即拥有旅游资源并提供配套服务的厂商，包括航空公司、酒店、景区等。国内上游供应商目前主要通过线下渠道为消费者提供旅游产品或服务，线下渠道主要包括供应商直销、旅行社代理商等。第二部分是在线代理商。国内在线代理商主要通过电子商务平台为消费者提供旅游产品或服务，并向上游供应商收取佣金。在线代理商主要通过网站、呼叫中心或移动客户端完成旅游产品或服务的展示、预订及支付。第三部分是旅行社。旅行社是传统旅游代理商，通过直销或网络旅游代理商分销的方式为消费者提供旅游产品或服务的整合和预订。第四部分是网络营销平台，以网络传播为基础，以广告、视频、音频、图片、攻略、资讯、新闻、论坛等形式进行旅游类产品或服务的推广及营销。网络营销平台只通过社交为上中游商家吸引用户，利用营销服务来获得盈利，不参与交易环节。第五部分是用户，即旅游消费者。

整合"互联网＋旅游"线上线下资源，加大网络旅游在旅游行业中的渗透率，网络旅游将成为旅游消费者的重要选择。此外，无线端网络旅游市场规模迅速扩大，普及的智能机和易得的移动互联网满足了"旅行中"消费者对旅游产品或服务的需求，实现了无线网对旅游市场的完整覆盖。

"互联网＋物流"是一种新的物流形态，充分发挥了物流资源要素配置中的优化和集成优势，共享共用上下游信息和资源，提供可视化流程，重塑物流价值链，深度参与物流全程。网络物流有三种模式：第一，以提高物流运营效率和降低物流成本为目的的平台模式，在平台上进行供应链信息互联互通，开展物流链组织内各种物流资源的高效整合，实现运输链的可视化和透明化；第二，以快递兔为代表的众包模式，将闲散的物流资源进行有效整合，尽可能缩短配送时间，提供专业的物流服务；第三，突破了传统界限的跨界模式，促进元素间的深度融合，创造更高的利润回报，建立立体化的物流服务。

　　未来，"互联网＋物流"将依托数据驱动实现平台规模化扩张，利用数据提供有黏性的产品服务，实现物流数字化引擎；建立综合型物流平台整合物流资源，推进转运期间的标准化衔接，降低多式联运成本；加快跨境物流服务网络布局建设，对接跨境物流平台实现规则统一，提升商贸物资流通效率。

　　"互联网＋工业"即工业互联网，本质上是依托工业级网络平台进行智能化生产，紧密地衔接设备、生产线、工厂、供应商、产品和客户等环节，高效共享各种要素资源，降低制造业成本，促进制造业转型。"互联网＋工业"是全球工业系统与互联网连接融合的结果，其快速发展体现在以下方面：首先，产业政策体系日渐完善。当前，我国已初步形成多层次工业互联网政策体系，围绕"5G＋工业互联网"、标准化体系建设等重点领域的一系列政策相继发布，引导行业向规范化、系统化发展。其次，行业应用规模和范围持续扩大：一是助力疫情防控和加速复工复产；二是在重点领域的应用取得积极进展，工业互联网的应用范围不断拓展，由钢铁、石化、装备制造等行业向服务、汽车等行业拓展；三是新模式新业态应用加速互联网推广普及，主要表现为智能化制造、网络化协同、个性化定制、服务化延伸、数字化管理[1]；四是深化资本市场改革为工业互联网发展赋能。2020年后，以中国人民银行为代表的金融机构密集发布相关文件，全面推动金融市场化改革，落实各方面举措以提升金融服务实体经济的能力，与金融支持实体经济和创新发展相关的政策持续完善。

1.参见工业互联网产业联盟发布的《2020年中国工业互联网投融资报告》。

＊2022年2月22日，工业机器人在江淮汽车乘用车焊接车间生产线上工作（新华社，记者刘军喜摄）

工业互联网作为第四次工业革命的重要基石，开辟了数字化、网络化、智能化的工业和产业路径，因此我国需要遵循如下原则：第一，政策持续稳定向实，构筑工业互联网良性发展环境。过去几年中，国家稳步推进工业互联网各项工作，并逐渐进入了需求和创新"双轮驱动"的新阶段。2020年下半年以来，中央和地方的相关政策也针对我国工业互联网出现的动态变化，积极引导产业向更加务实的方向发展。整体来看，各类政策将继续强化对工业互联网的支持力度，从而为下一步发展构筑起可预期的发展环境。第二，加速产业数字化转型，激发出工业互联网发展新需求。新冠肺炎疫情暴发以来，各国加速推动数字化转型的战略意图和企业数字化转型的投入意愿不断提升，工业互联网在支撑产业数字化转型中的作用不断增强，正迎来愈加广阔的市场空间。在疫情防控期间，制造业对远程交互和资产管理的需求不断增长，产业界各方对工业互联网、工业4.0等新技术、新模式的迫切需求不断凸显。第三，融合应用向纵深迈进，拓展工业互联网发展新赛道。过去三年，5G、人工智能、区块链、数字孪生等技术的相互叠加，以及与OT技术深度融合水平的不断提升，持续为我国工业互联网创新发展注入动力。随着新一代信息通信技术与各领域融合集成创新的持续提速，工业互联网对各行业赋能的广度和深度将进一步拓宽，新的参与者也将加速涌入相关领域，各类资本竞逐赛道将进一步拓宽。

"互联网＋农业"把互联网技术引入传统农业生产，使农业的市场信息渠道和流通渠道进一步畅通，农业生产、供给、销售融为一体，从而提高农业生产效率，提升农产品质量，增强农产品效益。相较于传统农业，"互联网＋农业"有以下三个特点：第一，农业生产智能化。在农业生产中，利用互联网技术收集数据有助于及时掌握自然信息，逐步摆脱天气突变等困境，脱离对自然资源的严重依赖，将农业生产变为可操控的科学产业，实现农业的有序、高效发展。第二，农业经营网络化。信息技术推进实现了多种类型电商交易平台的搭建，主要业务是农资产品购买、农副产品销售，借助互联网拉近时空距离，保持农产品的市场交易畅通，使销售渠道得以拓展。第三，高效的农业管理。"互联网＋农业"依托大数据技术，逐步完善了农业电子政务服务，有效提升了农业主管部门的生产决策能力，提高了农业生产销售及抗灾水平，最终实现了农业管理的透明化和高效化。第四，便捷的农业服务。信息化农业服务以各类农业门户网站、"12316"农业信息平台为载体，为农户解决种植、加工、经营中遇到的问题，提供更加有效的技术方案及顺畅的技术传播渠道。

未来，"互联网＋农业"将呈现如下发展趋势：第一，利用新媒体营销农产品，利用微博、微信、直播平台等新媒体，突破传统的营销推广方式，发掘更多的农业商机。第二，建设复合型新业态。移动互联网技术将改变旧有农业产业环境，形成集农业电子商务、农村休闲旅游、高品质绿色食品原产地直供等于一体的现代农业产业模式。第三，建立农产品品牌。农产品品牌空位给农产品电商留下无限的发展空间，实施农业品牌化战略是农业现代化的必由之路，也是进一步推进农业转型的重要内容。

"互联网＋商业"是在互联网上进行的商业贸易活动，利用信息网络技术进行商品交换活动。相当于传统的商业贸易互动，"互联网＋商业"具有如下特点：第一，以迭代创新促进消费新增长。电子商务持续保证旺盛生命力的关键是迭代创新。迭代创新的重点是新技术应用和新模式推广，加快人工智能、小程序等新技术应用可以驱动消费体验升级，更好地满足消费者的个性化需求[1]。第二，品质消费成为网购新风尚。目前网民的线上消费更加注重品质化，特别是"双品网购节"带动了快消品牌和海外品牌，消费热点是文创、智能家居、个性化定制等，医美、体检等健康服务大幅增长。第三，跨境电商引领外贸新业态。我国跨境电商贸易拥有国际化的跨境电商平台，支

1.参见商务部电子商务和信息化司发布的《中国电子商务报告2019》。

持向供应链服务转变的跨境电商物流，提供跨境金融整合服务，保障跨境电子商务海外仓。跨境电子商务海外仓主要有公共仓、专用仓、自建仓三类，服务覆盖面广。第四，产业深度融合呈现新进展。新技术在电子商务联动发展方面发挥了明显作用，信息技术发展的必然趋势促成制造业与电子商务融合，这样既能释放制造业潜力，又能大幅度提高上下游产业链协同效率，加速酝酿智能定制新消费模式。

"互联网＋商业"现实意义深远。首先，"互联网＋商业"将驱动产业融合发展。融合化发展的电子商务，其升级发展的阶梯是新基础设施，技术创新和消费升级将促使我国电子商务向高质量发展转变。其次，"互联网＋商业"促使区域协调、普惠、均衡发展。直播电商全面渗透和农产品、生鲜产品利润丰厚，刺激电子商务平台快速走进商品原产地及特色产业地带，进一步释放"下沉市场"的消费潜能，增加城乡地区电子商务带来的创业机会。最后，"互联网＋商业"将实现国际合作互利共赢发展。随着我国对外开放和"一带一路"建设不断深化，以跨境电子商务为代表的国际贸易新模式将提升贸易便利化水准，形成新型贸易合作关系，加速推动电子商务市场的全球化进程。

三、网络产业的发展趋势

21世纪以来，互联网技术普及对我国政治、经济、文化、社会各个方面有着广泛的影响，作为兼具创新型、交叉型与融合型的网络产业，其发展对于促进我国工业化与信息化融合发展、实现经济高质量发展具有重大价值，也是抢占战略性新兴产业制高点、培育新的经济增长点的有力手段。网络产业的发展对于我国实现产业结构升级、提升国际竞争新优势具有重大战略意义。以"互联网+"为代表的新型产业，例如工业互联网、物联网等，不仅能够拓宽网络的功能与服务领域，使得经济发展更加智能化、精准化、信息化，而且能够提高网络资源的利用效率，推动网络强国建设不断发展。

现阶段，我国网络基础设施逐步完备、网络相关产业链日趋完善，基础科研能力持续加强，在卫星通信、光纤通信、SDN、AI等网络技术方面不断升级，在消费型互联网、工业互联网、物联网、5G移动通信等新应用方面不断扩展，这些都为网络产业的持续推进提供了良好的支撑。我国也基本形成了以网络产业发展带动技术创新、以网络技术突破助力产业推进的良好态势。

＜拓展阅读＞

2010年9月，物联网上升到了国家战略高度。作为新一代信息技术的重要组成部分，物联网技术被列为国家重点培育的战略性新兴产业，给物联网产业的发展带来了前所未有的机遇。例如：慈星集团借助物联网技术打造了运动鞋飞织样板工厂，鞋类订单上的款式可通过计算机实现数据建模。这些数据像是一种机器间通用的语言，通过物联网技术，生产任务被发送到飞织横机上，利用3D飞织技术，一只鞋的鞋面在几秒内一次成型。慈星集团研制出智能纺织横机，通过导入5G和智能物联网技术，实现针织毛衫产品的全球化、分布式生产，定制完全个性化的毛衫，并在数日内完成生产。"一线成型智能横机"得到广泛销售，目前在全球售出了近20万台智能化针织横机，下一步将根据客户的要求提供整体的智能化物联网解决方案，随后引入各类原材料供应商，并将其接入统一的云平台。

我国未来网络产业发展的战略布局，应该进一步从网络、通信、安全三方面着手，重点构建服务定制网络（SCN）平台及应用，实现人—机—物的网络通信内生安全平台及应用。在未来，应该不断满足工业互联网、互联网等发展的需求，探索未来网络的基础理论，创新关键核心技术，不断支撑制造强国、网络强国建设。在未来新型通信方面，针对5G、6G发展需求，攻克芯片与器件的"卡脖子"技术，适度超前展开6G的研究，通过融合智能通信与大数据，构建世界一流的移动通信综合试验平台。在网络安全方面，面向网络安全领域的实际需求，应开展具有主动免疫能力的网络空间创新防御技术的研究，并引领世界网络空间安全的发展。

我国网络产业的发展应该着眼于网络结构转型优化，网络服务质量的提升与网络行业的创新能力增强，应进一步推进"互联网＋"和工业互联网等概念的落地应用，促使网络基础设施建设均衡发展，不断满足人民日益增长的网络服务需求。现阶段，我国正处于网络强国建设的重要机遇期，我国应该加强顶层设计，明确网络产业发展的短期与中长期目标，科学地、稳定地推进下一代网络建设，全面提高网络性能与服务水平。

在短期目标的设定中，我国应该遵循"天基组网、地网跨代、天地互联"的思路，逐步实现天地一体化网络建设，计

划发射批次卫星来组成太空网络，规模化地建设地面基站，为
网络产业提供信息传输保障，促成科技成果的有效应用。例如
在工业互联网方面，我国完善工业互联网体系顶层设计，完善
工业互联网的互联网协议第6版（IPv6）应用部署，升级改造
企业内部网络与外部网络，切实推进网络服务的提速降费工
作，按需保障工业互联网领域资源，积极培育一批独立经营的
企业级平台，打造工业互联网平台试验和公共服务体系等。在
5G发展方面，我国应全面布局5G网络的基础设施建设、创新
应用与产业发展，实现全国城镇的5G网络覆盖，实现城乡的
"同网同速"，推进5G与工业互联网、智慧城市、智慧医疗的
深度融合，加快数字经济发展，凝聚5G产业的创新能力。在
物联网发展方面，我国应进一步完善行业应用标准与关键技术
标准，形成物联网各环节的标准化体系等。

在中长期目标的设定中，我国应持续推动信息技术与实体
经济的深度融合，打造数字经济发展的全新模式。并积极扩展
网络空间，推动网络技术的进步，共同推动天地一体化重大项
目的运行发展。例如在工业互联网方面，我国应该加大力度研
制工业互联网核心技术和产品，并推动深度学习、AR/VR、区
块链等在工业互联网的应用，提升大型企业的工业互联网创新
与应用水平，实施底层网络化、智能化改造，建设互联工厂、
全透明数字车间，形成智能化生产、网络化协同、个性化定制、
服务化延伸等新型网络产业发展模式。在6G发展方面，作为
概念性的无线网络移动通信技术，应支撑未来的信息社会需要，
实现其"一念天地，万物随心"的发展愿景。

总之，我国应该超前布局未来网络相关产业，关注与未来

发展兼容的新理念、新架构、新协议、新方案，发挥未来网络
与通信产业所具有的发展引导作用，保持我国网络相关产业与
技术研究的前沿优势地位。

第 5 章

但使龙城飞将在

——网络主权乃网络强国之阵地

信息流通无国界，网络空间有硝烟。互联网日益成为意识形态斗争的主阵地、主战场、最前沿。能不能牢牢掌握意识形态工作领导权，关键要看能不能占领网上阵地，能不能赢得网上主导权。

——习近平总书记在全国网络安全和信息化工作会议上的讲话（2018年4月20日）

一、网络空间的概念与特征

顾名思义，网络空间是一个非真实的虚拟空间。网络空间是科学技术发展到一定阶段的产物，是人类智慧在虚拟领域的体现。近年来，网络空间发展速度迅猛，已经渗透到方方面面。

＜拓展阅读＞

　　网络空间这个名词最早出现在1984年美国作家威廉·吉布森的小说《神经漫游者》中。小说主要描述了主人公凯斯作为网络独行侠，被神秘组织雇用潜入跨国企业信息中心窃取情报的故事。凯斯有着特异功能，能够使自己的神经系统与全球的计算机网络连接。为了在这样的空间生存下去，他使用各种人工智能和软件为自己服务。吉布森便称这个空间为"赛博空间"（Cyberspace），而这也就是现在人们所说的"网络空间"。后来美国电影《黑客帝国》中描绘的网络虚拟空间，在视觉上呈现了《神经漫游者》的核心想象。

（一）网络空间的概念

关于网络空间一词，学者们对它的定义多种多样。从技术层面来讲，是在强调网络空间的物理属性，即人类利用网络设施、依靠网络技术进行数据的存储、信息的传输等网络活动的人造空间。网络空间由基础设施、硬件、卫星等技术所依赖的载体所构成，如美国学者威廉·J·米切尔（William J·Mitchell）所认为的那样：互联网和高速公路、电话是一样的，都是人类必不可少的基础设施[1]。2011年，法国发布的《信息系统防御与安全：法国战略》(*Information Systems Defence and Security: France's Strategy*) 提出：网络空间是资讯通信的基础设施。意大利在《2013年国家网络空间安全战略框架》(*2013 National Strategic Framework for Cyberspace Security*) 中提到：网络空间是信息通信基础设施及其所承载的数据。2017年，美国在《国防部军事和相关术语字典》(*Department of Defense Dictionary of Military and Associated Terms*) 中对网络空间的定义与意大利基本相同。从社会层面看，旨在强调网络空间的社会属性，即构成网络空间的不仅有基础设施，还包括人类活动。例如，Adams PC认为网络空间是人类的一种"空间感"，这种感知需要是在互联网技术和人类社交行为的同时作用下形成的。北约2013年版《适用于网络战的塔林国际法手册》(*Tallinn Manual on the International Law Applicable to Cyber Warfare*) 称网络空间是"由物理和非物理组成部分构成的环境，其特征在于使用计算机和电磁频谱进行存储、修改，以及使用计算机网络进行数据的交换。"

<拓展阅读>

　　法国发布的《信息系统防御与安全：法国战略》，将"赛博空间"定义为"一种通信空间，该空间由全世界

1.参见【美】威廉·J·米切尔著，吴启迪译：《伊托邦：数字时代的城市生活》，上海：上海科技教育出版社2000年版，第67~75页。

互联的自动数字数据处理设备所构成"。意大利发布的《2013年国家网络空间安全战略框架》也有对"赛博空间"的定义，即"网络空间是一个人造域，主要由信息通信技术节点和网络组成，承载并处理对国家、企业、公民以及所有政治、社会和经济决策者具有战略重要性的日益丰富的数据"。美国发布的《国防部军事和相关术语字典》将网络空间阐述为"一个全球性信息领域，由相互依存的信息技术基础设施和居民数据网络组成，具体包括互联网、电信网络、计算机系统以及嵌入式处理器和控制器"。北约14国组建的北约卓越合作网络防御中心（The NATO Cooperative Cyber Defence Centre of Excellence）制定的《适用于网络战的塔林国际法手册》，主要为规范在国际网络竞争中的行为制定了相应的规则。当然，"塔林手册"并不是北约的官方性文件，而只是一个倡议，北约盟国和美国企图通过"塔林手册"占领国际网络竞争中规则的制定权。

通过从技术层面和社会层面进行梳理和总结，我们对网络空间有了一定的认识。简单来说，网络空间就是处于主体地位的人类通过网络基础设施、运用网络技术对信息进行储存、传输等活动的人造空间。与此同时，网络空间还具有物理属性和社会属性。

（二）网络空间的特征

随着互联网技术的发展，作为概念空间的网络空间出现，并在个人、国家、国际社会等方方面面发生实实在在的影响，成为继海、陆、空、天之后的"第五大空间"，成为国家安全体系中的重要组成部分。网络空间的构成明显有别于其他空间，因此，我们将从网络空间的特征方面进行研究。

首先，网络空间具有全球性。世界各国、各地区的用户都可以在网络上进行信息共享、互联互通。例如疫情期间，商务活动不能再像以前一样将相关人员集中在一起，而只能在网络上进行，这就使活动的主体超出了自身的地域。与传统的商务活动相比，网上商务活动的规则完全不同，在网络上使用的远程服务在技术层面上与实际所在地点也毫不相干。网络空间给人们带来了诸多便捷的服务，实现了信息的自由传输和频道共享，但不容忽视的是，网络的全球性与国家主权中的管辖权对于地域的界定有了冲突，对传统的管辖权理论在网络空间中是否适用提出挑战。

其次，网络空间具有无领土边界性。海洋、陆地等物理空间及一国的法律，其适用范围均以地理边界为依据，而网络空间不受物理空间的约束和限制，因其构成要素如数据、信息等的传输与物理位置几乎没有关系，网络空间将全球一百多个国家的几十亿用户连接在一起，使地球成为"地球村"。现在人们用IP地址和域名来划分网络空间的区域界限，无须进入他国领地，就可以在网络空间排斥和操控他国域名，保障网络安全的重要性由此愈加突出。因此，对于网络空间的管理也区别于对物理空间的管理，有形地理边界的淡化对国家在网络空间行使管辖权提出新的挑战，国家主权在网络空间的使用原则也受到一定影响。

最后，网络空间具有虚拟性。基于网络空间的无领土边界性，每个人都可以成为网络空间的一分子，可以通过互联网进入各种虚拟场所，比如学校、商场、社区、超市、景区等，这种虚拟的形态以信息、图像、声音、文字等方式存在并形成各种语言符号。可以看出，网络空间与传统世界不同，它把现实生活中的场景、人物身份等都符号化了。每个硬币都有两面，网络空间在发挥独有的优势时也带来了弊端，如滋生了犯罪活动生长的土壤。

二、网络主权是国家主权在网络空间的自然延伸

互联网是 20 世纪最重要的发明之一，为人类的经济发展和社会进步注入了新生动力，是人类文明进步的重要体现。不管是谁发明了互联网，它都注定是全球的互联网。互联网的不断进步和发展进一步推动了全球化进程，这也加大了国际间互联网的管理、治理的困难。与此同时，在互联网的发展过程中，国家与国家、地区与地区之间存在不平衡的现象，现实中的霸权主义延伸到网络空间，便出现了网络霸权。因此，中国行使网络主权的基本原则与实践进程显得至关重要。

（一）网络主权与国家主权的关系

在全球化的背景下探讨网络空间主权，应以对国家主权的概念进行分析和考究为前提。学界一般认为，国家主权学说是由法国政治思想家、法学家让·博丹（Jean Bodin）在其 1576 年的重要著作《国家六论》（*Les six livres de la Republique*）中提出

并系统论述的，他认为主权是一个国家享有的统一而不可被分割的、凌驾于法律之上的最高权力，是一个国家的主要标志，对内具有至高无上的权力，对外具有独立平等的权利。1648年签订的《威斯特伐利亚和约》（ *The Peace Treaty of Westphalia* ）[1]，被认为是各个国家开始在国际关系和政治秩序中实行国家主权理论的和约，该和约建立起来的威斯特伐利亚体系，是近代意义上的第一个国际关系体系。"冷战"结束后，国际社会呈现全球化、区域化、民族化的发展趋势，主权国家的全球利益、区域利益、民族利益等之间的冲突加剧，国家主权理论也出现不同的流派，具有代表性的理论有全球化理论、相互依赖理论等。从概念上可以看出，国家区别于其他社会组织和团体的最重要属性便是具有国家主权，且具有两个特征：对内最高权、对外独立权。

网络主权，就是一国国家主权在网络空间中的自然延伸和表现。网络主权是国家主权在网络空间的体现，同样具有两个特征：对内，网络主权有不受他国干涉的独立自主的发展、监督、管理本国互联网事务的权力；对外，网络主权指一国能够平等地参与国际互联网治理，有权防止本国互联网受到外部入侵和攻击。一般认为，网络空间虽然是无国界的，是自由的，但是网络的基础设施、网民及网络公司等实体都是有国籍的，应该受到法律的约束[2]。在现实空间中，每个国家都在维护本国的网络安全，并进行严格的管理和监督，防止

1.《威斯特伐利亚和约》是一系列和约的统称，象征欧洲三十年战争（1618—1648年欧洲爆发的大规模国际战争）的结束，同时以条约形式确定了国家主权、国家领土与国家独立等国际法上的重要原则。

2.参见若英：《什么是网络主权？》，载《红旗文稿》，2014年第13期，第39页。

他国对本国造成网络入侵和网络干涉。

（二）国家主权在网络空间中的具体表现

国家主权包括独立权、平等权、管辖权和自卫权，那么，网络空间的主权也应当包括独立权、平等权、管辖权和自卫权。下面，我们一一进行论述：

第一，独立权。独立权是指国家按照自己的意志，在不受任何外来干涉的情况下，依法完全自主地处理其对内和对外事务的权利。独立权是一个主权国家最重要的权利，延伸到网络空间，独立权指国家能够完全独立自主地行使与网络相关的权利，网络主权不受外来干涉和控制。独立权的具体表现为：首先，世界各个国家的网络可以独立运行而不被其他国家制约和干涉；其次，各个国家可以自主决定本国网络是否与他国网络或国际网络互联互通，并且不受他国的限制；最后，在不影响国际网络互联互通的前提下，具有独立制定网络政策的权利。通过上述三种表现可以看出，大多数国家都希望建立起自己的域名解析系统，不受他国对本国网络空间的操控。但是，世界的发展是不平衡的，由于各国在互联网技术水平上差距较大，一些国家尚不具备建立本国域名解析系统的能力，因此国际上出现了国家联盟的自治根域名解析体系，这样做的目的，就是尽早实现各个国家网络空间的基础设施独立。只有实现网络空间基础设施的独立，才能实现网络空间政治、文化等方面的独立，才能更好地保障本国网络空间的安全，从而掌握网络空间的独立权。无论是国家主权还是网络主权，只有建立在以独立权为基础上的国际合作才能解决国际冲突和争端，才能促进网络空间的共同发展。

第二，平等权。平等权是指国家以平等的资格和身份参与国际关系，平等地享受国际法权利和承担国际法义务的权利。平等权为网络空间中的国际交往提供了基本原则：首先，各个国家国际地位平等，在网络空间中做到平等互助；其次，平等权在网络空间中还表现为国家豁免，即"平等者之间无统治权"。

第三，管辖权。管辖权是指国家通过立法、司法或行政手段，对其领土范围内的一切人（享有外交豁免权的人除外）、事、物，以及领土外的具有本国国籍的人实行管辖的权利。网络空间中的管辖权具体表现为：一个国家具有对本国网络空间的基础设施、网络信息与数据、网络活动主体等进行管辖的权利。网络空间中的管辖权主要由属人管辖权和属地管辖权两部分组成。属人管辖权是指一个国家有对在国外活动的具有本国国籍者的犯罪行为进行管辖的权利。比如，具有本国国籍的人在外国服务器终端上发布一些危害国家安全的、具有煽动性的不实言论，这种行为不会因为发布者身在国外而逃避本国法律的制裁，即本国可以通过属人管辖权对发布者进行制约。目前，大部分国家都实行属人管辖权，在我国也适用管辖权的属人原则[1]。属地管辖权表现为主观属地管辖和客观属地管辖两种形式。主观属地管辖是指一个人的行为只要发生在一个国家的主权范围内，就可以对其行使属地管辖权；客观属地管辖是指一个人的行为结果发生在一国领土范围内或延伸至某国领土范围内，可以被认为该行为结果发生在本国领土范围内，依然适用于属地管辖权。

1.参见《中华人民共和国刑法》第7条。

第四，自卫权。自卫权是指国家为维护政治独立和领土完整而对外来侵略和威胁进行防卫的权利。网络空间中的自卫权具体表现为：国家有对外来网络攻击、入侵和威胁进行自我防卫的权利。网络空间的自卫权要求主权国家具备隔离境外网络攻击的能力和设置网络疆界的能力，以及对他国网络攻击进行抵抗和反击的能力。随着网络空间的不断发展，一些网络软件在网络空间中成为"军事武器"，网络空间成为"军事竞技"的新空间，网络空间日益成为战争的新场地和攻击的新形式，主权国家如何在网络空间行使自卫权，成为世界各国讨论和探究的重要课题。

三、网络霸权对网络空间主权的侵犯

"霸权"一词在《大辞海》中的定义是"在国家关系上以实力操纵或控制其他国家的行为"[1]。"以实力操纵或控制其他国家"的国家，一般是指强国、大国、富国；而被"操纵或控制"的国家一般是指弱国、小国、穷国，而霸权就是强国、大国、富国不尊重弱国、小国、穷国的独立和主权，对其进行强行控制和统治。随着全球化的进一步推进，互联网渗透到世界各国的经济、政治、文化、外交、军事等各个领域，网络空间成为继土地、资源之后各国新的争夺领地，如此，便出现了新的霸权形式——网络霸权，即传统的地理霸权在网络空间的投射。

以美国为首的西方发达国家向来主张"网络自由"，但本质

1.夏征农、陈至立主编：《大辞海》，上海：上海辞书出版社2015年版，第57页。

上奉行网络霸权主义，即凭借本国先进的信息技术和原本就制定好的互联网技术标准，直接或间接地主导国际网络空间的运行规则。这些国家打着"民主自由"的幌子，把自己的价值观强行灌输到国际网络空间中，给其他国家的网络意识形态安全带来了极大的威胁，同时也在挑战其他国家的网络主权。一些发达国家在国际网络空间中行使双重标准：一方面，对其他国家行使网络霸权，而一旦涉及自身利益便强调主权的不可侵犯性；另一方面，由于各国之间发展水平不均衡，一些所谓的"网络自由"，只不过是发达国家的"网络自由"罢了。近年来，美国鼓吹"海上航行自由"，其主要目的就是为美国强大的海军队伍争取更加广泛的、"正当"的活动空间，由此可见，美国提出的"网络空间全球公域说"，其主要目的便是为美国在网络空间中扩大对其他国家的影响而制造"依据"，便于在不同领域采取不同形式的霸权。下文分别从政治霸权主义、经济霸权主义、文化霸权主义三方面入手，对全球网络空间中存在的霸权主义展开探讨。

＜拓展阅读＞

提到"霸权"，我们首先想到的就是美国。第二次世界大战之后，美国成为头号资本主义强国，确立了世界经济霸权地位，为其日后在网络空间建立网络霸权奠定了基础。20世纪末，在新自由主义思潮的背景下，美国的信息产业资本迅猛发展，大肆进入世界市场，并凭借其技术先发优势在网络领域建立了网络霸权。美国建立的网络霸权体系包括：技术标准制定、网络基础资源控制、投融资机制、产业链关键环节、人才的培养与储备、网络攻击能力、国际组织话语权，以及网络意识形态等。其后，美国凭借其绝对优势，在多个领域构建的网络霸权收获了巨大的经济收益和政治收益。

（一）全球网络空间中的政治霸权主义

网络空间是在科学技术不断发展和人类社会向前推进的过程中形成的虚拟世界，但不与现实世界对立，而是现实世界的延伸和拓展。互联网、移动终端、社交网站的发展不仅影响人们的生活和工作，还影响国家经济、政治、文化、军事、外交等各个领域，进而影响国际秩序和新的国际格局的形成。如上文所述，一些西方发达国家凭借互联网技术上的优势，推行惯有的国际霸权，在意识形态方面对他国进行政治绑架，在文化领域对他国进行不同程度的渗透，进而操控他国意识形态等，以此进行政治扩张。

例如2010年席卷全球工业界的"震网事件"，被视为美国在网络领域实行政治绑架的典型案例，充分体现出美国利用技术渗透、市场占有等多种方式控制世界网络并获取垄断地位，进而阻止其他国家发展网络技术的野心。俄塔社评论员诺维科夫曾经说过："互联网这条信息高速公路给全球参与者都带来了好处，而美国利用自己的技术和市场优势当起了公路警察，企图只让符合美国价值的东西上路。"现实中，一些敌对势力通过隐蔽的方式操纵和控制"三股势力"[1]，意图

1.2001年6月15日，上海合作组织签署《打击恐怖主义、分裂主义和极端主义上海公约》，首次对恐怖主义、分裂主义和极端主义做了明确定义。所谓"三股势力"是指暴力恐怖势力、民族分裂势力和宗教极端势力。

对我国进行意识形态渗透，严重影响了我国意识形态领域的安全。

又如美国21世纪的超级计划——将全球置于华盛顿的掌控之中，建立一个由美国主导的无人能敌的全球资本主义政权。其主要目的是对现代世界重新洗牌，确立新的世界政权，把其他国家置于美国的统治秩序之下。显然，直接的武力对抗需要付出巨大代价，美国以网络空间作为其优势领域，通过互联网的无领土边界性把网络空间演变成新的战场。互联网在国际政治关系中扮演着重要角色，天然具备政治属性，可以形成巨大的政治效益并有力地影响政治进程。美国提出"网络自由"战略，是想在"网络自由"的掩护下达到其政治目标。为了实现其"网络自由"，美国投入巨资部署了一整套"影子网络"，即通过特殊的互联网设备帮助那些反对本国政府的持不同政见者越过所在国家的控制，以无线方式不受限制地访问外部互联网资源，并与外界进行"自由"沟通。由此可见，美国这一举动是为了模糊国界，将他国纳入自己的掌控范围，从而实现对他国的"政治绑架"。

网络空间分布广泛，成为国家主权管辖的重要组成部分，互联网的资源、基础设施和内容都应该受到本国网络主权的保护和管理，那么各个国家网络主权理应被尊重。网络空间是一种全球性的空间，其开放程度一定是以本国国家利益和国家安全稳定作为出发点和落脚点，一些西方发达国家侵犯他国网络主权，实质上是干涉和侵犯他国政治主权。所以，我们坚决反对和打击利用互联网危害国家安全、损害国家利益的言行和活动，在网络空间中维护好我们的网络主权。

（二）全球网络空间中的经济霸权主义

网络跨国公司在美国政府的主导下和利益的驱动下，形成了开放型的经济体系，这一体系使网络空间不仅成为政治控制的工具，还成为获取巨额利润的重要来源。于是，网络空间中出现了新的剥削者和被剥削者，一种新的经济霸权主义由此形成。

随着传统工业生产领域的不断弱化，信息产业成为一些网络技术发达国家新的经济增长点和新兴产业。从形式上看，世界各国人民都可以通过网络自由获取信息和数据，但实际上，网络技术的核心硬件和软件都掌握在美国手中。众所周知，信息的存储、传输、运算基本上都是由美国的网络公司进行运作的，谷歌、微软等巨型网络公司冲锋在前，而美国政府站在它们身后。这些网络公司通过制定规则和标准，对其他国家进行约束，由此美国掌握了全球信息的绝对控制权，成为唯一的网络空间霸主。有些人认为，网络技术的发展并不仅仅使发达国家受益，也为发展中国家参与世界经济提供了便捷途径，然而现实却是美国利用网络技术上的优势，压制和控制弱势国家的经济活动，在全球经济发展中依然存在着"等级制"现象。

网络跨国公司以为用户提供免费服务的方式获取用户信息，通过巨大的"流量"吸引广告商进行投资，从而获取巨额利润。例如美国最大的搜索引擎——谷歌，在没有获得授权和支付相关费用的前提下对世界各国的报纸、杂志等信息内容进行链接和拷贝，从而吸引大量用户，占据广告市场的制高点和垄断地位。与此同时，在网络空间的大数据经济中也存在网络霸权。在大数据环境下，获取高质量的信息和数据需要用户支付费用，而网络跨国公司在数据库中导出原始数据并对其进行重新加工，之后以高昂的价格转手卖给用户，由此便出现一种新的经济霸权主义。大量的存储数据和先进的运算设备是大数据技术重要的硬件条件，对数据进行运算的模型设计是一项要求极高的先进信息技术，目前只有英特尔、微软、亚马逊等网络巨头拥有这样的技术。基于大数据分析技术的垄断而形成的数据分析家，由此成为"剥削阶级"，美国巨头网络公司已经带着数据的行囊，踏上了"掘金"之路。

（三）全球网络空间中的文化霸权主义

网络霸权主义不仅体现在政治控制、经济剥削方面，还体现在文化控制方面。信息技术革命以来，传统的通信工具和交流方式得到根本变革，新的文化传播和文化交流手段应运而生。在这样的背景下，一方面民族文化、地域文化向外扩散，实现了不同文化的交融和碰撞，另一方面为文化霸权主义提供了便利，互联网成为一些国家搞文化霸权主义扩张的主要工具，网络空间成为其文化扩张和意识形态渗透的重要载体。

当下，网络空间已经成为跨国公司广告业的载体，以及消费主义文化传播的渠道。互联网重新分配了各国文化产品在市场中的份额，在某种程度上，新的世界文化版图在互联网的重新洗牌下正在形成。美国的电影、动漫、广告、电子游戏等各种文化产品大肆进入国际市场，扩大了美国文化的影响力，美国文化中的自由主义、消费主义等，有成为网络主流文化的趋势。通过消费主义意识形态的渗透，一些国家和传统社会在一定程度上变得"现代化""美国化"，这是美国文化霸权主义避开"文化的冲突"，营造"和谐"假象的有效手段。

<拓展阅读>

美国凭借在互联网领域积累的信息技术优势，掌握了全球主要传播平台和国际话语权，加大对其他国家的打击力度，以此维护自身霸权地位。美国多次利用网络平台肆意散播涉疆、涉藏、涉港、涉台的假新闻，对中国进行抹黑栽赃，公然为反华分裂分子撑腰。其中，以涉港假新闻最为典型，即通过资助各类反华组织和个人，炮制涉及中国的各种阴谋论和谣言。

四、中国行使网络主权的基本原则与实践进程

2015年12月16日，国家主席习近平在第二届世界互联网大会开幕式上指出，推进全球互联网治理体系变革，应该坚持尊重网络主权、维护和平安全、促进开放合作、构建良好秩序这四项原则[1]。把"尊重网络主权"作为推进全球互联网治理体系变革的四项原则之首，凸显出网络主权在未来互联网国际合作与发展中的重要地位。中国在国际网络空间治理体系中坚持"网络主权原则"，有利于推动国际网络空间更加公正合理，为全球网络空间治理贡献了中国智慧。

（一）中国行使网络主权的基本原则

坚持网络空间治理的平等权，是新时代我国网络空间治理

1.参见习近平：《在第二届世界互联网大会开幕式上的讲话》（2015年12月16日），载《人民日报》，2015年12月17日，第2版。

原则的第一要义。近年来，在"逆全球化"思潮的影响下，全球互联网治理网络主权呈现"双重标准"趋向。一方面，以美国为代表的西方发达国家单边"利益扩张"，在网络空间推行网络霸权主义，利用网络技术优势侵犯他国网络主权。2010年，谷歌打着"网络自由"的旗号退出中国市场，不久之后，打着"国家安全"的幌子限制黑莓手机在一些发展中国家的信息服务。2013年，据美国《华盛顿邮报》和英国《卫报》报道，美国联邦调查局（FBI）和美国国家安全局（NSA）在2007年启动了代号为"棱镜"的秘密监控项目，该事件让美国的"网络自由"贻笑大方，凸显了美国言行不一的真面目。另一方面，网络技术发展水平的差异导致不同国家在网络治理能力上形成两极分化的局面——发达国家"恃强"、发展中国家"式弱"。习近平总书记指出："国际网络空间治理，应该坚持多边参与、多方参与，由大家商量着办，发挥政府、国际组织、互联网企业、技术社群、民间机构、公民个人等各个主体作用，不搞单边主义，不搞一方主导或由几方凑在一起说了算。"[1]由此可见，全球互联网治理的"中国态度"与西方国家形成鲜明对比，对西方国家网络霸权进行了坚决的、有力的回击。

当今世界正处于百年未有之大变局，网络空间成为新一轮国际力量博弈的"暗棋"，一方面表现为网络文化渗透强劲，另一方面表现为网络信息垄断加剧。据统计，全球有将近3000个大型数据库，其中70%设在美国；全球访问量排前100名的网

1.习近平：《在第二届世界互联网大会开幕式上的讲话》（2015年12月16日），载《人民日报》，2015年12月17日，第2版。

络终端，有94个在美国；全球80%的网络信息由美国发布。信息是互联网时代的"武器"，谁掌握了信息便掌握了资源，也就掌握了话语权。美国对网络信息的垄断对其他国家及地区的信息传播和网络文化的形成构成潜在威胁，网络军备竞赛在各种利益的驱动下不断升级。在如此严峻的背景下，世界各国更要尊重网络主权，增进互信，加强合作，而"中国愿意同世界各国携手努力，本着相互尊重、相互信任的原则，深化国际合作，尊重网络主权，维护网络安全，共同构建和平、安全、开放、合作的网络空间，建立多边、民主、透明的国际互联网治理体系"[1]。

（二）中国行使网络主权的实践进程

完善网络空间主权法律体系建设，是我国捍卫和行使网络主权的重要表现。

首先，确立网络空间主权的专门立法，以国家法的形式确立网络空间主权的内涵、原则、管辖范围。2005年，中国起草《2006—2020年国家信息化发展战略》，开始展开对全球网络空间的探讨，表达了对建立新型互联网治理机制的愿望。而后的十多年里，中国越来越坚定自己的立场，不断推进网络空间主权的立法工作。2015年7月1日，第十二届全国人民代表大会常务委员会第十五次会议通过《中华人民共和国国家安全法》，2016年11月7日，第十二届全国人民代表大会常务委员会第二十四次会议通过了《中华人民共和国网络安全法》。这两

1.习近平:《致首届世界互联网大会的贺词》(2014年11月19日)，载《人民日报》2014年11月20日，第1版。

部法律为我国维护国家网络主权提供了制度保障。为保障国家网络安全、维护国家网络主权，《中华人民共和国网络安全法》对网络空间制定了详细、系统的法律和政策，确立了网络空间的主权原则。

其次，积极推进国际网络空间主权的立法合作。2016年12月27日，由国家互联网信息办公室发布并实施《国家网络空间安全战略》，提出"国家主权拓展延伸到网络空间"，并将网络空间主权作为国家主权的重要组成部分；2017年3月1日，由外交部和国家互联网信息办公室共同发布《网络空间国际合作战略》，将主权原则列为网络空间国际合作的基本原则之一，并将"维护主权与安全"作为参与网络空间国际合作的首要战略目标。《国家网络空间安全战略》的发布和实施，表明了我国在国际网络空间治理问题上的态度，宣示了我国对网络空间治理的信心和决心，不但为我国网络空间发展和治理指明了方向，也向世界各国展示了我国的大国风采。

＜拓展阅读＞

2017年，中国外交部和国家互联网信息办公室共同发布《网络空间国际合作战略》（以下简称《战略》）。《战略》以"和平发展、合作共赢"为主题，提出和平、主权、共治、普惠四项原则，以网络空间共同体为目标，推动网络空间国际合作。《战略》就国际网络空间交流合作，首次全面系统地阐述了中国主张，主要从九个方面提出了中国参与国际网络空间合作的计划：一是倡导和促进网络空间和平与稳定；二是推动构建以规则为基础的网络空间秩序；

三是不断拓展网络空间伙伴关系；四是积极推进全球互联网治理体系改革；五是深化打击网络恐怖主义和网络犯罪国际合作；六是倡导对隐私权等公民权益的保护；七是推动数字经济发展和数字红利普惠共享；八是加强全球信息基础设施建设和保护；九是促进网络文化交流互鉴。《战略》提到将主权原则作为国家之间关系的基本准则，《联合国宪章》确认的主权平等原则不仅覆盖国际交流的各个领域，也适用于网络空间，并在《战略》第三条中对网络主权的内涵进行了规定[1]。

总之，中国作为全球第二大经济体和最大的发展中国家，始终积极倡导网络主权理念，也始终尊重各个国家的网络主权，努力为建构网络空间国际秩序作出中国贡献，与世界各国在彼此尊重网络主权的基础上，携手构建网络空间命运共同体。

1.《网络空间国际合作战略》第三条提出："各国政府有权依法管网，对本国境内信息通信基础设施和资源、信息通信活动拥有管辖权……有权制定本国互联网公共政策和法律法规，不受任何外来干预……各国在根据主权平等原则行使自身权利的同时，也需履行相应的义务……不得利用信息通信技术干涉别国内政，不得利用自身优势损害别国信息通信技术产品和服务供应链安全。"

第 **6** 章

乱云飞渡仍从容

——网络安全乃网络强国之保障

网络安全牵一发而动全身，深刻影响政治、经济、文化、社会、军事等各领域安全。没有网络安全就没有国家安全，就没有经济社会稳定运行，广大人民群众利益也难以得到保障。

——习近平总书记在全国网络安全和信息化工作会议上的讲话（2018年4月20日）

一、网络安全的地位和作用

习近平总书记指出："网络和信息安全牵涉到国家安定和社会稳定，是我们面临的新的综合性挑战。"[1]当前，信息技术不断发展，网络安全威胁的来源和攻击手段不断变化，攻击的复杂性不断上升，导致全球网络安全面临的风险日益突出。与此同时，现代化的企业、技术、生产、经营、服务等与网络空间联系紧密，虽然安全威胁防范措施不断完善，给网络安全提供了技术便利，但个人隐私、知识产权等方面依然存在严重隐患。网络安全，已经成为国家安全的重要因素。

习近平总书记指出："从世界范围看，网络安全威胁和风险日益突出，并日益向政治、经济、文化、社会、生态、国防等领域传导渗透。特别是国家关键信息基础设施面临较大风险隐患，网络安全防控能力薄弱，难以有效应对国家级、有组织的高强度网络攻击。这对世界各国都是一个难题，我们当然也不例外。"[2]网络安全，已成为关系国家经济社会稳定运行的重要问题。党的十八大以来，以习近平同志为核心的党中央高度重视网信事业的发展和治理工作，统筹协调制定系统全面的策略，实施精准科学的举措，着力于解决我国社会各个领域中关于网络安全的重大历史难题，扫除我国网信事业发展中的障碍，并取得了历史性成就。但不可否认的是，面对不断增加的全球网

1.习近平：《论坚持全面深化改革》，北京：中央文献出版社2018年版，第39页。
2.习近平：《论党的宣传思想工作》，北京：中央文献出版社2020年版，第201～202页。

络安全风险，我国仍需进一步加强和完善网络安全保障体系和能力建设，为经济社会的稳定运行和广大人民群众的利益提供保障。

放眼全球，网络安全风险是世界各国共同面临的重大挑战，每个接入互联网的国家都无法置身事外，网络安全的战略地位已成为世界各国的普遍共识。近些年，网络安全问题持续增多，勒索软件、恶意软件、加密挟持、虚假信息等攻击手段层出不穷，网络监听、网络攻击、网络恐怖主义活动等成为全球公害，严重威胁到世界各国的网络安全；与此同时，网络空间局部冲突依然不断，国家之间的网络博弈比以往更加多样化。世界各国虽然国情不同、互联网产业发展阶段不同、面临的现实挑战不同，但推动数字网络经济健康发展的核心愿望相同、应对网络安全重大挑战的核心利益相同、加强网络空间安全治理的实际需求相同。因此，各国均应高度重视网络安全的重要作用，不断完善国家网络安全建设，在国家安全的战略高度突出网络安全的重要地位，同时也加强务实合作，采取积极有效的政策措施，共同维护网络空间的和平与稳定。习近平总书记指出："国际社会要本着相互尊重和相互信任的原则，通过积极有效的国际合作，共同构建和平、安全、开放、合作的网络空间，建立多边、民主、透明的国际互联网治理体系。"[1]作为网络安全的坚定维护者，"中国愿同各国一道，加强对话交流，有效管控分歧，推动制定各方普遍接受的网络空间国际规则，制定网络空

---

[1].中共中央党史和文献研究院编：《习近平关于网络强国论述摘编》，北京：中央文献出版社2021年版，第149页。

间国际反恐公约，健全打击网络犯罪司法协助机制，共同维护网络空间和平安全"[1]。

尽管近年来我国在维护国家网络安全工作上取得了突出成绩，但与世界先进水平相比还有不小的进步空间。未来，网络空间的安全威胁和风险依然存在，大国之间的博弈与对抗也有不断升级的可能，我国作为互联网大国，在网络安全问题上将面临更大的挑战。"十四五"时期是建设网络强国的关键时期，我们要继续深入学习贯彻习近平总书记关于建设网络强国的重要思想，努力提高国家网络安全保障水平，加快构筑起国家网络安全屏障，维护广大人民群众利益，维护社会稳定和国家安全。

二、网络意识形态安全建设

习近平总书记强调："网络意识形态安全风险问题值得高度重视。网络已是当前意识形态斗争的最前沿。掌握网络意识形态主导权，就是守护国家主权和政权。"[2]新时代要加强网络安全建设，构建网络强国，应切实理解网络意识形态安全的重要性。当下，互联网已经成为舆论斗争的主战场，网络空间情况复杂。一方面，网络空间为网络霸权主义进行文化扩张和意识形态渗透提供了便利条件；另一方面，虚假、歪曲的信息和

1.中共中央党史和文献研究院编：《习近平关于网络强国论述摘编》，北京：中央文献出版社2021年版，第158页。

2.中共中央党史和文献研究院编：《习近平关于网络强国论述摘编》，北京：中央文献出版社2021年版，第54页。

* 2021年10月11日，2021年国家网络安全宣传周开幕式在西安举行，此次宣传周的主题是"网络安全为人民，网络安全靠人民"（新华社，记者张博文摄）

消极、错误的言论及观点扰乱了网络空间秩序，不利于建设良好的网络生态。

目前，我国网民规模已经居于世界首位，庞大的网民群体、巨型的网络社会、无限的网络空间，成为意识形态工作无法忽视且必须覆盖的领域，特别是在国际竞争的白热化阶段，意识形态领域的斗争依然严峻，互联网已经成为不同意识形态竞争乃至冲突的最前沿阵地。如何有效地让以马克思主义为指导的主流意识形态牢牢扎根我国网络，深入广大网民思想，防范"颜色革命"，是我们做好当前网络意识形态建设工作的重中之重。深入贯彻落实党中央的国家网络安全战略部署，不仅要教育培养广大网民自觉遵守网络安全相关法律法规，安全诚信上网，更为重要的是教育引领广大网民树立正确的世界观、人生观、价值观。

<拓展阅读>

　　2021年2月19日，央视首次公开加勒万河谷冲突中五名戍边英雄与外军殊死搏斗的视频，引起广大群众热议。人民朴素的爱国之心被点燃，英雄事迹在网络上广泛传播，然而热评中少数分子故意抹黑、质疑和侮辱中国边防英雄，令人愤慨。在互联网上诋毁侮辱英雄烈士的行径其实并不罕见，早年网络大V"作业本"侮辱邱少云，被民事判决；"蜡笔小球"在新浪微博扭曲编造事实，诋毁侮辱英雄团长祁发宝，被南京警方刑事拘留。2021年3月1日开始施行的《中华人民共和国刑法修正案（十一）》将侵害英雄烈士名誉、荣誉罪列入刑法罪名，是对别有用心之人的有力震慑。军队宣传部门应当协同地方执法部门擎起法律利剑，对门户网站、社交媒体平台上的涉军内容严加把关，对随意解构历史、歪曲真相，肆意兜售历史虚无主义的行为进行依法追责处理，对履行监管责任不到位的网络平台进行有力惩处，努力维护网络空间的清朗。

　　做好网络意识形态建设工作的根本在于加强网络内容建设，做强网上正面宣传，建设健康向上的网络生态。在网络空间这个舆论斗争的主战场上，我们要时刻意识到舆论引导的重要性，把网上舆论工作作为宣传思想工作的重点，牢牢掌握舆论战场上的主动权；增强阵地意识，明确思想舆论阵地的基本构成，针对不同地带采取不同的策略，做到有的放矢，守土有责；面对网上的舆论热点，要切实提高警惕性和鉴别力，及时分析，深入研判。习近平总书记强调："做好网上舆论工作是一项长期任务，要创新改进网上宣传，运用网络传播规律，弘扬主旋律，激发正能量，大力培育和践行社会主义核心价值观，把握好网上舆论引导的时、度、效，使网络空间清朗起来。"[1]

加强党对网络意识形态工作的领导，是做好新时代意识形态建设工作最坚实的政治保障。坚持党的集中统一领导，是推动我国网络强国建设沿着正确方向发展的根本保证。党的十九届三中全会提出要加强和优化党对网信工作的领导，体现出党和国家对网信工作的重视程度之高。加强党对网络意识形态工作的集中统一领导，决定把党管媒体原则"贯彻到新媒体领域，所有从事新闻信息服务、具有媒体属性和舆论动员功能的传播平台都要纳入管理范围，所有新闻信息服务和相关业务从业人员都要实行准入管理"[2]。其二，理顺领导体制。党的十八大以来，党中央、国务院推动网络安全和信息化工作的系列决策部署，标志着我国推进网络安全建设的目标战略框架初步形成。为了进一步加强党中央的集中统一领导，党的十九届三中全会提出要加强和优化党对网信工作的领导，把"中央网络安全和信息化领导小组"改为"中央网络安全和信息化委员会"，确保网络工作领域各级党的领导更加坚强有力。其三，选配合适干部。习近平总书记强调，"要选好配好各级网信领导干部，把讲政治、懂网络、敢担当、善创新作为重要标准，把好干部真正选出来、用起来，为网信事业发展提供坚强的组织和队伍

1.习近平:《习近平谈治国理政》（第一卷），北京：外文出版社2018年版，第198页。
2.中共中央宣传部:《习近平新时代中国特色社会主义思想学习问答》，北京：学习出版社2021年版，第312页。

保障"[1]。

　　网络安全建设坚持依靠人民、为了人民。习近平总书记明确指出，"网信事业要发展，必须贯彻以人民为中心的发展思想"[2]，这是深入做好网络意识形态安全工作的核心价值指导准则。其一，维护好最广大人民的根本利益、增进人民群众福祉，是我国网络意识形态建设工作的根本出发点和落脚点。习近平总书记指出："网络空间天朗气清、生态良好，符合人民利益。网络空间乌烟瘴气、生态恶化，不符合人民利益。"[3]这需要我们营造质量好、氛围好的网络空间，增强广大人民群众在网络空间中的获得感、幸福感和安全感。其二，大力发展积极向上的网络文化，要始终维护马克思主义在意识形态领域的指导地位，弘扬社会主义核心价值观，持续传播积极向上的网络文化。其三，打造依靠人民坚守的网络意识形态安全阵地。人民既是互联网发展成果的享有者，也是网络意识形态安全的维护者，因此要充分凝聚广大人民群众的磅礴力量，打造坚实的网络意识形态阵地。

　　应该大力创新网络安全管理技术。习近平总书记强调："网络安全的本质在对抗，对抗的本质在攻防两端能力较量。"[4]在诸

1.中共中央党史和文献研究院编：《习近平关于网络强国论述摘编》，北京：中央文献出版社2021年版，第12页。

2.习近平：《在网络安全和信息化工作座谈会上的讲话》（2016年4月19日），载《人民日报》，2016年4月26日，第2版。

3.中共中央党史和文献研究院编：《习近平关于网络强国论述摘编》，北京：中央文献出版社2021年版，第71页。

4.习近平：《在网络安全和信息化工作座谈会上的讲话》（2016年4月19日），载《人民日报》，2016年4月26日，第2版。

多对抗能力谱系中，科技创新和运用能力占有举足轻重的地位。依靠先进的互联网科技实现网络治理技术化，成为信息化时代意识形态建设的发展方向。面对西方国家运用网络技术不断针对我国进行网络渗透攻击的严峻现状，习近平总书记强调："人家用的是飞机大炮，我们这里还用大刀长矛，那是不行的，攻防力量要对等。要以技术对技术，以技术管技术，做到魔高一尺、道高一丈。"[1]因此，不断加强网络技术的创新和应用，有利于更好地保护我国网络意识形态安全。

创新网络安全管理技术，首先，要取得核心技术突破。与发达国家相比，我国在互联网技术上的劣势集中体现在互联网核心技术层面。习近平总书记指出："互联网核心技术是我们最大的'命门'，核心技术受制于人是我们最大的隐患。"[2]我国应当加强技术性网络治理能力，实现核心技术突破的关键在于移动互联网。其次，提供核心技术突破的政策保障。通过改革完善科研经费投入和绩效评价管理机制，提升公共资源科研投入管理绩效，充分发挥科学的协同推动力量，处理好自力更生与市场合作发展共赢之间的互补关系。再次，加强大数据技术的应用，构建全媒体传播格局，以技术力量为意识形态安全提供硬核支撑。发挥大数据技术在信息搜索、整合、预判等方面的优势，提升网络意识形态工作的实效性，打造传统媒体与数字媒体双向融合的立体化传播格局。最后，加强广大网民在网络

1.习近平：《在网络安全和信息化工作座谈会上的讲话》（2016年4月19日），载《人民日报》，2016年4月26日，第2版。
2.习近平：《在网络安全和信息化工作座谈会上的讲话》（2016年4月19日），载《人民日报》，2016年4月26日，第2版。

* 在石家庄市元氏县常山广场举行的2021年国家网络安全宣传周活动中，当地民警为群众发放宣传资料并进行详细的网络安全知识讲解（新华社，张晓峰摄）

安全基础知识方面的专业技能培训。习近平总书记指出："举办网络安全宣传周、提升全民网络安全意识和技能，是国家网络安全工作的重要内容。"[1] 因此普及网络安全宣传教育，增强广大网民的网络安全意识与防护能力，应成为新的工作重点。

　　＜拓展阅读＞

　　　　在信息搜索、整合、预判等方面，大数据技术发挥着独特的作用。例如：通过信息收集与计算，在舆论风暴形成前，提前警告某些负面舆论态势的形成，为科学预防提供重要依据；增强甄别负面舆论信息的能力，做到精准筛

1.中共中央党史和文献研究院编：《习近平关于网络强国论述摘编》，北京：中央文献出版社2021年版，第101页。

选，降低负面舆论的消极影响；预测网络热点，准确分析出网民的偏好，科学把握网络舆论态势，及时采取有效措施；追查和掌握网络不法分子空间行动轨迹，为提前做出预防措施提供支撑依据。

三、规范网络空间法治建设

面对日益严峻的国际网络空间形势，我国应全面实施网络与信息安全的战略部署，尽早确立我国网络边界，制定完善的网络安全法律体系，逐渐增强网络空间法治建设，掌握互联网核心技术，提升网络综合治理能力，构筑网络疆域的保护体系，确保我国顺利实现从网络大国到网络强国的转变。维护网络安全是全社会的共同责任，更是筑牢国家安全的"防火墙"、提高我国网络生态效能的重要前提。与此同时，随着数字化的蓬勃发展，互联网平台、应用软件侵犯网民合法权益的情况时有发生，如超范围收集用户信息、大数据"杀熟"、平台欺诈等，网络"黄赌毒"、网络水军、流量造假等各种网络乱象，也极大地扰乱了网络空间的安全稳定。对此，网络使用者应自觉自律，提高自身的网络防护技巧，养成文明上网的行为习惯。国家和社会要携手共进，依法治理网络空间，筑牢网络安全屏障，保障网络信息传播的内容安全，引导网民遵纪守法，把法治融入网络空间建设的方方面面。在网络空间内，要依法严厉打击网络黑客、电信诈骗、侵犯公民个人隐私等违法犯罪行为，切断网络犯罪的利益链，保护群众合法利益不受侵犯。

党的十九届四中全会审议通过的《中共中央关于坚持和完善中国特色社会主义制度、推进国家治理体系和治理能力现代化若干重大问题的决定》，提出要"坚持和完善中国特色社会主义法治体系，提高党依法治国、依法执政能力"。为了建设法治中国，就要坚持全面推进科学立法、严格执法、公正司法、全民守法。网络不是法外之地，法治在互联网治理体系中居于基础性地位，因此要深刻认识互联网的发展规律，全面推进网络空间的法治化建设，依法综合治理网络。

第一，推进科学立法，完善网络立法体制。近年来，我国相继出台了一系列涉及网络空间的法律制度，积极推进网信执法、网络司法、网信普法等各项工作，在网络生态治理方面取得了显著成效。其中一个重要表现是，将个人信息保护作为网络法治的重点，出台了民法典等法律法规，同时加强了对网络空间新兴和重点领域的立法。其中，《中华人民共和国数据安全法》和《关键信息基础设施安全保护条例》于2021年9月1日起实施；《中华人民共和国个人信息保护法》于2021年11月1日起实施。相关基础性立法为网络空间数据安全、隐私防护等提供了法律保障，切实维护了网络安全和广大人民群众的合法权益。

第二，加强公正执法，健全网络执法机制。法律的生命在于实施，法律的权威也在于执行，只有严格执法，严厉打击，方能彰显法治的权威，不断增强人民群众的法治获得感。遵守依法行政原则，持续加强网络执法管理，压紧压实网站平台主体责任，规范网络信息内容，严厉打击整治涉及网络平台、应用、算法等的违法违规行为，净化网络空间环境。进一步完善网络综合执法体系，共享执法信息，激发协作执法活力，强化执法手段，加强技术监督，根据监管工作的需要不断创新监管方式。

第三，维护公平正义，增强网络司法保障体系。网络已经深入经济社会的方方面面，网络犯罪行为多样、案件类型繁杂，当务之急是依法高效治理网络犯罪。首先，扩大网络司法保障范围，充分发挥网络司法的保障作用，探索构建适应时代需要的新型诉讼规则，完善网络诉讼程序，妥善处理各类涉网案件。其次，构建精细的诉讼体系，发挥以大数据、人工智能为代表的互联网技术优势，融合互联网技术和司法规则，建成"智慧法治"平台，优化平台功能，从而提升涉网案件的处理质量。最后，提升个案应对能力，注重通过个案裁判来明确网络空间的行为规范和权利边界。

总之，网络安全问题牵一发而动全身，涉及经济社会的各个领域，并对国家安全产生巨大影响。如果没有网络安全，就不能保证国民经济和社会政治的平稳健康运行，人民群众的根本利益也难以得到切实保障。

加强法治建设，是网络空间实现依法治理的基本路径，网络空间的特性决定了依法治网需要全民参与，网络法治宣传教育工作的重要性、紧迫性不言而喻。第一，坚定以法治网立场，明确网络普法的长期性，结合网络教育日常宣传与课程渗透等形式，让网络法律法规进机关、进校园、进企业、进社区，提升全民网络安全意识，养成正确的网络安全观；第二，全面贯彻网络法律法规，综合治理网络违法事件，遵循网络发展的规律，切实提高网络空间法治化水平；第三，提升网络普法技术，添加新媒体、新技术应用（新闻客户端、微博、微信公众号等），借助移动互动平台（网络直播、短视频），对网民的行为产生潜移默化的影响，切实增强网民网络法治意识。

第 7 章

浪系天涯纽带长

——网络空间国际合作乃网络强国之催化剂

互联网是我们这个时代最具发展活力的领域。互联网快速发展，给人类生产生活带来深刻变化，也给人类社会带来一系列新机遇新挑战。互联网发展是无国界、无边界的，利用好、发展好、治理好互联网必须深化网络空间国际合作，携手构建网络空间命运共同体。

——国家主席习近平在第三届世界互联网大会开幕式上的视频讲话（2016年11月16日）

一、网络空间国际合作的现实意义

中国最早的国际互联网络诞生于1994年4月，以NCFC（中国国家计算机与网络设施）与NSFNET（美国国家科学基金会建立的局域网）建立互联为标志，我国互联网实现了与Internet的全功能网络连接，至此打开了在网络空间与世界联系的大门。相较于互联网的发源地美国和其他西方发达国家，中国的互联网产业起步较晚，相关技术与世界先进水平相比有一定差距。不同于领土或领海，网络空间没有明确的"国界"，且以"空间无序性""去主权性"等为基本属性，其发展势必要建构在维护国家主权与安全的理论体系中。近年来，各类网络经济犯罪、网络恐怖主义、网络色情暴力犯罪等在不同国家、地区频发，需要各国、各地区携手应对、共同治理。

"冷战"结束后，美国成为世界上唯一的超级大国，在网络空间建设与发展领域一直保持领先。2003年2月14日，美国公布《国家网络安全战略》，将网络安全作为保障国家和社会安全与稳定的重要内容，并从国家安全布局的战略高度定义了网络安全的重要性。自克林顿政府开始，美国在互联网技术领域一直保持先进水平，并把维持其在国际体系中的霸权地位作为其网络安全战略的根本目标。梳理美国国家安全战略的历史不难看出，克林顿执政时期，美国专注于保护网络基础设施建设；布什执政时期，重点关注以网络反恐为主要目的的网络安全建设；奥巴马执政时期创建了"网络司令部"，逐步掌握了网络安全在技术、管理、资源获取等方面的渠道和绝对控制权。美国的国家信息安全战略从"被动预防"向"扩张进攻"演化，主动性、扩张性、进攻性已成为其主要特征。与此相反的是，我国的网络空间建设以积极防御为主要特征，目的在于通过网络空间的国际互联合作，在推动互联网产业蓬勃发展、网络空间健康有序发展的同时，增进我国信息化建设，进而达到维护国家网络安全的根本目的。下面从两方面入手，阐述网络空间国际合作的现实意义。

（一）推动网络空间秩序的建立，维护国家网络主权

由于网络空间虚拟性特征明显，具有鲜明的"无政府性"与"去主权性"，导致网络空间治理难度较大，且由于受到各种因素的影响，各个国家、地区在网络空间治理理念上存在一定差异，进一步加大了治理难度。但是不可忽视的是，各个国家、地区均面临着不同程度的网络安全威胁问题，部分发展中国家遇到的问题尤为突出。在网络暴力、隐私侵犯、垃圾邮件、网络经济犯罪及网络恐怖主义等问题难以根除的大环境下，各个国家、地区之间开展网络空间合作治理，建立统一的网络空间治理体系仍具有很大的可行性。严峻的网络安全形势，促使各国、各地区主动或被动地采取联合治理形式，积极开展双边或多边合作，以期携手面对挑战、共享发展成果。

纵观全球，网络空间治理模式大致分为两种，一种是"多利益攸关方模式"，另一种是"政府主导模式"。"多利益攸关方模式"主要在以美国为代表的西方发达国家实施，这与其技术发达、管理模式优越、互联网资源丰富等因素相关。这些国家倡导"网络自由"，想要凭借自身的互联网优势进行市场扩张，且不希望受到其他国家对这一领域的干涉。"政府主导模式"则

主要在以中国为代表的发展中国家实施，发展中国家的互联网技术相对落后，且面临较为严重的网络安全威胁，因此突出了政府在网络空间治理中的主导作用，以此维护国家的网络安全和网络主权。

　　＜拓展阅读＞

　　　　"多利益攸关方模式"是指将互联网视为人类整体的财富，政府、社会、组织及个人等主体共同拥有对网络空间的平等治理权。"政府主导模式"则是指政府以管理者的角色实现对网络空间的整体规划、综合治理，进而运用国家权力统筹兼顾，满足各方利益。"政府主导模式"的优势在于能迅速掌握先进技术、协调大量资源，促进网络空间的开发；同时，亦能运用国家立法和行政强制手段实现对网络空间的全方位治理，维护网络空间安全。

　　相比以美国为代表的西方发达国家而言，中国在网络空间治理上一贯坚持"政府主导模式"。在我们看来，网络空间是人类共同的活动空间，但并非"无主权公域"，而是网络时代下国家的主权领域，更是全球化治理的重点，《联合国宪章》阐述的主权平等对此也适用。网络空间主权是国家主权在网络空间的体现和延伸，尊重网络主权、维护网络安全、反对网络霸权是维护国家主权的前提和要求，同样也是构建良好的网络空间秩序的坚实基础。对此，各国应携手合作，在承认网络空间主权属性的前提下，从维护国家主权的战略高度强化对网络空间治理的顶层设计，加强国际网络安全互信，真正构建贯通全球的有序的网络空间治理体系。

一直以来，中国基于倡导、维护网络主权的坚定立场，坚持正确处理网络空间中的自由与秩序、安全与发展、开放与自主的关系，积极推动网络空间的国际交流与合作，同时根据已有的治理经验探索、总结网络空间的有效治理手段，形成了具有中国特色的网络空间治理原则。近些年，中国通过双边、多边合作参与网络空间治理，用事实证明开展网络空间国际合作有利于促进网络空间新秩序的建立与发展，符合中国乃至世界各国对于网络利益的不同诉求，对于维护中国及其他国家的网络主权具有里程碑式的意义。

（二）严厉打击各类网络犯罪活动，保障网络空间安全

互联网技术的广泛普及和充分应用给人们的生产生活带来很多便利，如信息交流的及时性、生活购物的多选择性、生产销售的扩大性等，但也正由于网络空间范围广、追查难度大等原因，给网络犯罪分子以可乘之机。与此同时，以人工智能为代表的第四次科技革命已然拉开帷幕，以数字化、智能化为特征的数字时代正深刻影响着人类的生产生活，改变着人类的思维模式和生活习惯。网络犯罪分子利用科技进步的成果扩展犯罪空间，使各国面临严峻的网络空间安全问题。因此，推进网络空间国际合作对于解决全球性的网络安全问题具有十分重要的意义。

　　＜拓展阅读＞

中国作为世界上网络用户最多的发展中国家，近些年

在网络安全问题上蒙受了巨大损失。《2015诺顿网络安全调查报告》表明：中国在2014年遭受网络侵害的消费者累计达到2.4亿人次，位列世界新兴市场国家之首，受害者平均损失达2917元人民币[1]。在信息泄露方面，全球多个网站近年频出用户信息恶意泄露事件。2015年10月，英国著名电信营运商Talktalk遭到黑客袭击，400万用户的个人信息被泄露，包括但不限于电子邮件内容、电话号码及银行账户等；无独有偶，澳大利亚图形设计工具网站Canva于2019年5月爆发了大规模的用户信息泄露事故，该网站1.39亿用户的个人隐私信息被恶意泄露。而在网络犯罪方面，近年来各国网络犯罪呈蔓延之势。以中国检察机关受理的网络犯罪案件数据为例，2020年的网络犯罪案件相比2019年提升了45%，其余年份的案件攀升比例均在40%左右，且呈现逐年上涨的趋势。种种现象表明，推动全球网络空间国际合作，对于维护地区和平稳定具有重大意义。

自中国积极参与网络空间国际合作以来，取得了显著效果。例如：2015年5月，中国与俄罗斯就计算机技术对国家主权、国家安全及内政等造成威胁的问题进行沟通交流，并签署了《中华人民共和国政府和俄罗斯联邦政府关于在保障国际信息安全领域合作协定》；2016年，中国同俄罗斯进一步达成要以联

1.《诺顿网络安全调查报告》由网络安全技术公司赛门铁克（Symantec）旗下的诺顿杀毒软件公司每年发布一次。

合国为框架，通过制定适用全球的相关法律文件，建立各国合作机制共同预防和打击网络犯罪、网络恐怖活动的共识；同时倡导各国之间要加强对网络犯罪活动的信息共享机制，加大跨境网络犯罪活动的打击力度和效果。

毋庸置疑，网络在现代社会对促进各国、各地区之间的交流、合作有重要意义，是推动世界发展的积极要素，但是网络容易滋生犯罪，对人类整体利益将构成威胁。因此，各国、各地区加强网络空间合作，构筑风险共担、命运与共的网络空间命运共同体，是从根本上消灭网络犯罪，解除网络恐怖活动威胁，建立安全、开放、合作的网络空间的必然选择。

二、中国与主要国家（地区）的网络空间合作实践

（一）中美两国网络空间的合作探索

互联网起源于美国，最先进的网络技术也产生于美国。我国的人口和发展优势决定了我国成为世界上互联网用户最多、市场最大、相关产业发展前景最广的国家。再加上近年来我国互联网技术日益进步，在互联网领域的话语权不断增加，虚拟的网络空间已经成为中美两国之间互动、交流、合作和竞争的新领域。历史和现实都表明，中美两国合则两利、斗则俱伤，双方只有互相尊重主权，本着和平、互利的原则加强交流、合作，才能放下分歧，在互联网领域获得双赢。长期以来，中美双方在网络空间既有竞争又有合作，合作内容主要有打击网络犯罪、打击网络恐怖主义等，合作形式有两国高层的高级对话、两国互联网企业的民间合作等。

例如：经过中国互联网协会与美国微软公司的共同努力，中美两国政府联合创办了"中美互联网论坛"，就互联网相关问题展开对话交流，把两国的互联网合作由理论转向实践，并向正式双边合作逐步迈进。截至2015年，"中美互联网论坛"已经举办八届，参加论坛的人员主要是中美两国政府相关部门负责人、知名互联网企业代表、相关学术研究机构及互联网行业相关组织代表等。该论坛已成为中美两国在经济、政治、文化等领域表达利益诉求、解决网络争端、增进对话理解互信的重要平台。2015年9月25日，国家主席习近平在参观美国微软公司总部时提出："当今时代，社会信息化迅速发展，一个安全、稳定、繁荣的网络空间，对一国乃至世界和平与发展越来越具有重大意义。中国倡导建设和平、安全、开放、合作的网络空间，主张各国制定符合自身国情的互联网公共政策。中美都是网络大国，双方理应在相互尊重、相互信任的基础上，就网络问题开展建设性对话，打造中美合作的亮点，让网络空间更好造福两国人民和世界人民。"[1]

2015年，中美两国以打击网络犯罪及相关事项为主题，开展高级别联合对话，并达成《打击网络犯罪及相关事项指导原则》，决定建立热线机制，就网络安全个案、网络反恐合作、执法培训等达成了广泛共识。近年来，中美两国领导人在互访中同样表达了两国政府对网络空间合作问题的关切。鉴于国际上损害网络空间的事故接连不断、网络安全威胁不断升级，中美两国加

1.中共中央党史和文献研究院编：《习近平关于网络强国论述摘编》，北京：中央文献出版社2021年版，第152页。

强网络空间安全领域的互信、合作是十分必要且迫切的。虽然受到双方网络战略目标、安全理念、意识形态等因素的制约，但中美互联网企业及政府相关部门对于促进互联网及相关产业经济发展的目标、满足对话理解共赢的需求等是大致相同的，中美两国在网络安全问题上的对话与合作仍在曲折中不断前行。

＜拓展阅读＞

2017年，时任中国公安部部长郭声琨和美国司法部部长杰夫·塞申斯、国土安全部代理部长伊莲·杜克共同主持了首轮中美执法及网络安全对话。在网络犯罪和网络安全方面，双方将坚持履行中美两国元首于2015年达成的五项网络安全合作基本共识。双方重申2015年以来三次中美打击网络犯罪及相关事项高级别联合对话达成的共识和承认的合作文件依然有效；双方愿改进在打击网络犯罪方面的合作，包括及时分享网络犯罪相关线索和信息，及时对刑事司法协助请求做出回应，包括网络诈骗（含电子邮件诈骗）、黑客犯罪、网络暴力恐怖活动、网络传播儿童淫秽信息等；双方将在网络保护方面继续合作，包括保持和加强网络安全信息分享，并考虑今后在关键基础设施网络安全保护方面开展合作；双方同意保留并用好已建立的热线机制，根据实际需要，就所涉及的紧急网络犯罪和与重大网络安全事件有关的网络保护事项，及时在领导层或工作层进行沟通。

（二）中国同金砖国家的网络空间合作实践

金砖国家作为全球发展的新兴力量，在国际社会中占据越来越重要的地位，金砖五国就事关全球的重大问题上达成共识、相互协调，对于构建公平的国际政治新秩序有良好的促进作用。

<拓展阅读>

"金砖四国"概念最早由美国高盛公司的首席经济师吉姆·奥尼尔于2001年提出，指世界主要新兴市场国家即巴西、俄罗斯、印度、中国。自2009年开始，金砖成员国领导人每年都会举行会晤，首次会晤是在俄罗斯的叶卡捷琳堡。2010年，南非加入金砖组织，至此，"金砖五国"正式形成。"金砖五国"会议的主题主要聚焦在重大国际性、地区性问题，以合力发声的形式提升新兴市场国家的话语权和国际影响力，致力于重构公平的全球话语体系，推进全球治理体系和人类社会经济的发展。

从互联网发展水平来讲，金砖国家目前和发达国家存在一定差距。金砖国家各成员国存在相似的网络发展问题和网络安全威胁问题，如网络跨境犯罪、黑客攻击造成的用户隐私泄露、垃圾邮件的骚扰，以及网络恐怖主义威胁等，加之网络监听、大量私人信息数据泄露事件频繁发生，各成员国具备了网络空间合作的基础和意愿，再加上以往已有的合作经验，相关合作必然会减少很多阻碍。2012年3月，在印度德里举行的第四届金砖国家峰会上，巴西总统罗塞夫建议构建"金砖国家光缆"（BRICS Cable），自此，网络空间治理问题成为金砖国家峰会的重要议题之一。金砖五国携手合作，共同应对网络空间安全问题，推动网络空间治理的国际合作。

中国与金砖国家在网络空间方面的合作，大致体现在以下几个方面：

1.信息基础设施建设

"金砖国家光缆"计划定于2014年初开始实施，2015年中期完成并启用，该项目总长3.4万千米，以俄罗斯的符拉迪沃斯托克市为起点，途经中国汕头市、新加坡、印度金奈、毛里求斯、南非开普敦与姆通济尼、巴西福塔莱萨，最终到美国迈阿密，其中还有一段支线通往非洲国家安哥拉，贯通金砖五国。除此之外，"金砖国家光缆"将与"东非海底光缆系统"（TEAMS）、"东非海底电缆系统"（EASSY）和"西非海底光缆系统"（WACS）贯通，这将使金砖国家不再高价使用欧美的光缆枢纽，大大降低了通信成本。不仅如此，使用欧美的光缆枢纽还存在信息泄露、监听威胁等安全隐患，"金砖国家光缆"计划的成功实施，使这些安全隐患大大降低。"金砖国家光缆"不仅给金砖成员国带来了实惠，也有利于全球网络安全技术的推广和国家间的贸易、金融交流。

2.网络空间合作构建

中国在同其他金砖国家的会晤中，对于网络空间合作等方面的关注度逐年提高，并且在金砖机制外与各成员国之间的合作也日益紧密。在2015年7月9日发布的《金砖国家领导人第七次会晤乌法宣言》中，金砖领导人表示"我们坚持各国政府在管理和保障国家网络安全方面的作用和职责"。在2016年10月16日发布的《金砖国家领导人第八次会晤果阿宣言》中，金砖领导人明确表示将"考虑相关利益攸关方根据其各自作用和职责参与其中的必要性"。2017年9月，第九届金砖国家峰会在中国厦门成功举行，会议形成的《金砖国家领导人厦门宣言》指出，金砖国家在信息通信方面的合作已经取得了一定进展，金砖各国将继续加强在该领域的合作；该宣言还指出，互联网核心资源的管控架构需更具代表性和包容性，而不应成为某一国家的国内资源。

除了共同的组织机制，中国也频频与金砖成员国展开双边交流。如2014年11月，中国主办了首届世界互联网大会，金砖成员国纷纷参会。2015年5月，中国与俄罗斯就信息安全问题签署了《中华人民共和国政府和俄罗斯联邦政府关于在保障国际信息安全领域合作协定》，将利用计算机技术破坏信息安全、干涉国家内政、威胁国家主权的现象列为重点关注问题。2016年和2017年，中国与南非多次互访，成功举办两届"中国—南非互联网圆桌会议"，围绕互联网问题展开积极交流。

3.网络空间信息技术发展

在网络空间信息技术发展问题上，中国同金砖国家的合作同样日益紧密，无论是官方对话还是民间合作，都取得了很大进展。如2017年，中华人民共和国科学技术部国际合作司在广州大学举办首届金砖国家信息技术与高性能计算创新合作论坛，与会成员均为金砖国家的优秀企业领袖和相关专业的顶尖学者，论坛就大数据、人工智能和高性能计算在智能制造、科研及助力产业转型升级等方面的研究和应用成果展开热烈讨论。2020年，中华人民共和国工业和信息化部与金砖国家智库合作中方理事会在深圳共同举办未来网络创新论坛，以"创新网络，共筑未来"为主题，邀请了金砖国家政府部门相关负责人、国际电信联盟工作人员、优秀企业负责人、智库成员、科研工作者，以及全球移动通信协会成员等组织和机构代表参会。会议以5G、互联网基础设施建设、未来网络发展等为主要议题，倡导合作发展、共谋创新。

虽然，金砖国家及国际社会目前尚未形成统一的网络空间治理秩序体系，但是中国应当继续完善这一领域的理论与实践准备，争取在网络空间规则的制定中掌握话语权与决策权，让广大发展中国家的利益得到国际社会的高度关注。

三、网络空间国际合作的现实困境

虽然推进网络空间国际合作具有十分深远的意义，但由于发达国家与发展中国家在网络安全战略目标及经济、政治、文化等方面的认知存在一定差异，因此当前的网络空间国际合作只在部分国家和部分国际组织之间存在。最先进的互联网技术在美国，而美国又与其他国家在网络空间产生较多冲突，这些现实的困境无不阻碍着网络空间国际合作的进一步发展。

（一）网络安全战略目标存在差异

从战略目标上看，发达国家与发展中国家存在的差异十分明显。互联网发端于美国，通过信息高速公路，美国率先进入了网络经济时代。凭借先进的网络空间技术，美国在维护本国网络信息安全的同时，确保其在互联网领域保持领先水平和超级霸主地位，以扩大其全球影响力，其网络战略目标必然带有扩张性和攻击性特征。而以我国为代表的发展中国家，由于步入互联网领域时间较短，网络基础设施不够完善、网络技术水平相对落后，时常面临信息泄露、网络攻击、技术监听等网络安全威胁。尤其是在"棱镜门"事件爆出美国的全球监听计划之后，人们发现美国不仅监听本国公民的隐私，还对法国、德国等多个国家领导人的通信信息进行窃取。这个事件在国际上掀起轩然大波，引发相关国家和人民的声讨及谴责，直接导致部分紧随美国发展本国网络空间的国家对美国失去信任，甚至进一步对抗，严重阻碍了国家之间的网络空间国际合作。

中国作为新兴的网络大国，在网络安全战略目标的制定上向来以合作共赢、共商共建等理念为基础。2015年，国家主席习近平在第二届世界互联网大会上首次提出"共同构建网络空间命运共同体"理念，并提出了"四项原则"和"五点主张"。中国推进网络空间向着和平、安全、开放、合作、有序的方向发展，是希望以网络空间为载体，推动世界各国合作发展，互利共赢。中国以网络信息技术促进国家经济发展，满足人民的美好生活需要，以及提升综合国力为根本目标，推动构建以积极防御为基本属性的网络空间安全战略，创造保障国家综合国力稳步提升的安全的网络环境，这与某些网络霸权主义国家大不相同，所以中国与一些发达国家开展涉及关键网络技术、资源与安全等方面的合作时会受到一定阻碍。

（二）政治因素带来的现实阻碍

长期以来，中国作为社会主义国家，被迫与西方资本主义国家进行各种形式的竞争。"冷战"期间，以美国为首的资本主义国家不断通过各种手段向社会主义国家渗透西方的意识形态，以及所谓的"自由""民主""人权"等"普世价值"，从思想意识上推动了社会主义阵营的瓦解，促使苏联发生和平演变并最终推动苏联解体。在经济全球化和信息化迅速发展的今天，美国为了继续维持其超级大国的霸权地位，除了武力威胁、经济制裁外，还通过网络信息传递手段对潜在的竞争者进行意识形态和文化渗透。自中国改革开放以来，西方国家从未停止对中国进行思想文化领域的渗透，企图通过和平演变使中国像苏联那般"不攻自破"。由此可知，伴随着科技进步，美国的和平演变策略也发生了变化，但其政治意图和根本目的是没有改变的。

互联网的政治功能，在美国的对外交往中屡屡凸显。如2003年，美国在伊拉克战争中利用"根服务器"的解析权，解除了所有伊拉克域名（"iq"）的申请和解析工作，致使伊拉克所有以"iq"为后缀的域名无法被互联网搜索引擎识别。该事件对伊拉克的网络主权及社会经济的运转和发展造成了重大打击，使得伊拉克仿佛从网络世界消失了。2004年，美国将相同的手段再次用于利比亚，导致以"ly"（"利比亚"的缩写）为后缀的网站无法在搜索引擎上被搜到。

在国际互联网运行方面，由于亚欧地区的网络要经过美国，使得美国可以利用垄断网络关键基础设施、封闭相关关键技术等手段，通过控制"根服务器"来统计或监控所有服务器解析的相关信息。这样明目张胆的窃密行为，对于受害国的政治、经济主权无疑会有较大的负面影响，这是任何一个拥有完整主权的国家所不能接受的。由此可见，网络的开放性和互联性对信息时代的网络国家主权及网络空间国际合作形成巨大挑战。

面对网络霸权国家的意识形态输出和网络信息窃取等行为，被输出国和被攻击国为维护民族独立、维护国家主权安全，势必会做出相应的反击，网络空间国际合作必然遭受更多阻力。

四、网络空间国际合作背景下中国的战略选择

在网络空间国际合作的问题上，中国的对内目标的重要性要远远高于对外目标，所以与美国以扩张性为主的战略目的截然不同。中国的网络安全战略目标是维护国家主权、安全、发展利益，力图通过改进治理能力来提高国家网络空间的安全与稳定，促进经济社会快速发展。中国既不寻求网络霸主地位，也不会通过网络空间干涉他国内政，而是期望在实现对内目标的同时，为网络空间的国际治理和规则制定提供中国智慧与中国方案，促进世界各国在网络空间的合作共赢。

在网络空间国际合作的背景下，中国做出了自己的战略选择，即进一步加强与"一带一路"沿线国家的网络合作，推动构建"信息丝绸之路"。近年来，中国通过不断完善互联网基础设施建设、持续发挥"互联网＋"模式的发展优势，带动了周边国家的经济发展。由于"一带一路"沿线国家绝大部分属于发展中国家，与互联网配套的相关技术相对落后，中国作为负责任的大国，不仅要与这些国家共享互联网技术，以此打破西方国家技术霸权的垄断地位，也意味着中国需要继续加大对大数据、网络技术等的研发力度，占据网络关键核心技术的制高点，以"一带一路"建设为契机，从亚太地区起步与相关国家开展互联网经济、人工智能等领域的交流和合作，在迅速补齐

沿线各国互联网技术和产业发展短板的同时，为全球网络治理水平的提升贡献中国力量。

＜拓展阅读＞

　　"信息丝绸之路"是指以通信和互联网产业为主要抓手的新型国际贸易道路。进入新时代以来，习近平总书记在进一步阐释构建网络空间命运共同体基本原则的同时，创造性地将"一带一路"倡议的精神内核运用于互联网建设领域，为构建网络空间命运共同体创建了全新平台。

　　"一带一路"信息基础设施建设，可以有效缩小"一带一路"沿线国家的"数字鸿沟"。中国在实现互联网经济快速发展的同时，积极为沿线国家提供先进的网络技术，培育先进的网络技术人才，这些举措不仅助推了沿线国家网络产业的发展，也为沿线国家带来了共享网络发展的机遇。与此同时，中国在推进建设"信息丝绸之路"时十分注重沿线各国的网络安全与信息主权，沿线各国也需要在充分尊重其他国家网络主权的基础上，立足于维护沿线各国网络主权的国际法基础上，为沿线国家共同防御网络攻击和建设沿线网络空间命运共同体提供法律保障。

　　经过一段时间的发展，以共享经济、跨境电商、大数据为发展热点的中国互联网经济取得了积极进展，与之相应的中国互联网产业也在全球多个领域持续发力，积极推动互联网应用走出国门，在全球互联网经济中逐步成为引领者。鉴于互联网产业发展较晚，并且受到国外反动势力的针对，中国一直是网络犯罪和网络恐怖主义的主要受害国。作为网络空间主权的坚定维护者、网络空间国际合作的积极参与者，中国将坚决反对网络犯罪和网络恐怖主义，继续推进网络空间国际合作，推动构建网络空间命运共同体。

＜拓展阅读＞

2021年7月21日，国家互联网应急中心（CNCERT）正式发布《2020年中国互联网网络安全报告》，数据显示2020年我国共捕获恶意程序样本数量超4200万个，日均传播次数达482万余次。位于境外的约5.2万台计算机恶意程序控制服务器控制了我国境内约531万台主机，就控制服务器所属国家来看，位于美国、荷兰和德国的控制服务器数量分列前3位。

在国际上，关于共同反对网络犯罪、网络恐怖主义等行为的国际合作公约发展日益成熟。以《布达佩斯网络犯罪公约》为例，该公约目前已有26个欧盟成员国以及美国、加拿大、日本和南非等30个国家参与，是迄今为止首个旨在应对网络犯罪、加强刑事司法协助的国际公约。而关于互联网安全问题的治理，中国的立场也是一贯明确的。2017年3月1日，经中央网络安全和信息化领导小组批准，外交部和国家互联网信息办公室联合发布了《网络空间国际合作战略》，全面系统地阐述了中国参与网络空间国际合作的"四项基本原则"[1]、战略目标和行

1.《网络空间国际合作战略》表明，中国参与网络空间合作坚持四项基本原则，分别是和平原则、主权原则、共治原则和普惠原则。

动计划，不仅表明了中国加强国际网络安全合作的强烈愿望，也展现了中国在网络安全治理领域的"中国立场"。

中国作为反对网络犯罪等活动的重要参与国，也积极推动了一系列针对网络空间犯罪的国际合作。在上海合作组织（以下简称"上合组织"）成立之初，中国就呼吁将打击网络恐怖主义、分裂主义以及极端主义作为主要目标。2006年至2016年，上合组织签署通过了多部关于打击网络恐怖主义、提升各成员国信息安全建设水平的声明与协定，如《关于国际信息安全的声明》等。与此同时，上合组织积极开展网络空间反恐演习。以"厦门—2017"网络反恐演习为例，该演习是第一次由上合组织全体成员国共同参加的反恐演习，涉及线上涉恐信息侦查、网络空间调查取证、线索协查和能力建设等多个方面。近年来，在上合组织地区反恐怖机构执委会的协调下，各成员国不断凝聚反恐反网络犯罪共识，实现了上合组织在网络反恐领域更加务实的发展。

网络空间的"去主权性"，决定了打击网络犯罪必须借助国际合作的力量，一国的力量远远不能杜绝如今频发的网络犯罪活动。但是由于网络空间主权和治理秩序体系涉及的主体多、主题范围广、复杂性突出，并且部分西方发达国家以"网络自由"之名推行西方网络霸权主义，使得网络空间国际合作的进一步推进面临诸多困难和问题。在维护网络主权方面，中国将持续不断地推动主权国家在网络治理领域的核心地位，不断呼吁国际社会在打击网络犯罪的问题上形成广泛共识，不断提升打击网络犯罪的能力，继续为网络空间国际合作提供行之有效的中国方案。

第 **8** 章

用贤无敌是长城

——网络人才乃网络强国之关键

建设网络强国，要把人才资源汇聚起来，建设一支政治强、业务精、作风好的强大队伍。"千军易得，一将难求"，要培养造就世界水平的科学家、网络科技领军人才、卓越工程师、高水平创新团队。

　　——习近平总书记在中央网络安全和信息化领导小组第一次会议上的讲话（2014年2月27日）

一、我国网络人才建设的原则与模式

习近平总书记指出：" '得人者兴，失人者崩'。网络空间的竞争，归根结底是人才竞争。建设网络强国，没有一支优秀的人才队伍，没有人才创造力迸发、活力涌流，是难以成功的。念好了人才经，才能事半功倍。"[1] 与国内互联网事业的迅速发展相比，我国的网络人才培养正处于不断成长、完善的过程中。在新时代的大背景下，对网络人才尤其是实用型人才的培养十分重要。2021年国家网络安全宣传周上发布的《网络安全产业人才发展报告》显示，我国网络安全产业人才需求高速增长，2021年上半年人才需求总量较上一年增长高达39.87%。由此可见，相对于其他应用型网络人才，网络空间安全人才缺口巨大，我国亟须培养网络空间安全人才，应该多措并举加强网络空间安全队伍建设。

加强网络人才培养，既要遵循网络人才培养的基本原则，又要积极探索网络人才培养的有效模式，其中，网络人才培养的原则是实现网络人才培养目标的保障，网络人才培养的模式是对网络人才培养方式方法的规范与界定。要想正确把握我国网络人才培养的方式和方法，必然要对网络人才培养的原则与模式展开深入探究。

（一）我国网络人才培养的基本原则

党的十八大以来，以习近平同志为核心的党中央多次部署新

1.习近平：《在网络安全和信息化工作座谈会上的讲话》（2016年4月19日），载《人民日报》，2016年4月26日，第2版。

时代网络强国建设，并突出强调网络人才培养的紧迫性。习近平总书记指出："互联网主要是年轻人的事业，要不拘一格降人才。要解放思想，慧眼识才，爱才惜才。"[1]为培养大量优秀的网络人才，提升网络人才的质量，我们应积极探索具有针对性的网络人才培养原则。即以需求为主导，坚持党管人才，打造高素质人才队伍；做好顶层设计，坚持整体推进和重点突破。

1.坚持党管人才，打造高素质人才队伍

习近平总书记指出："人才是实现民族振兴、赢得国际竞争主动的战略资源。要坚持党管人才原则，聚天下英才而用之，加快建设人才强国。"[2]坚持党管人才，加快建设人才强国，对新时代网络强国建设过程中的引才、聚才、用才具有重要的意义。网络人才培养作为国家人才建设中不可缺少的一环，必须始终坚持党管人才原则，在党的集中统一领导下建设高水平人才队伍。

党管人才的最大优势，在于党的政治优势、组织优势和制度优势。党管人才原则是人才工作的重要原则，也是做好人才工作的根本保证。习近平总书记指出："我们的脑子要转过弯来，既要重视资本，更要重视人才，引进人才力度要进一步加大，人才体制机制改革步子要进一步迈开。网信领域可以先行先试，抓紧调研，制定吸引人才、培养人才、留住人才的办

1.中共中央党史和文献研究院编：《习近平关于网络强国论述摘编》，北京：中央文献出版社2021年版，第37页。

2.习近平：《决胜全面建成小康社会 夺取新时代中国特色社会主义伟大胜利——在中国共产党第十九次全国代表大会上的报告》（2017年10月18日），载《人民日报》，2017年10月28日第1版。

法。"[1]在实施网络强国战略过程中，必须加强党对网络人才培养工作的集中统一领导，统筹推进网络人才队伍建设，明确党管人才的工作重点，从实际需求出发寻找、引进、培养人才，为建设网络强国战略提供充足的智力支持和人才保证。也只有在网络强国建设中坚持党管人才，将党的政治优势和组织优势充分发挥出来，总揽全局、协调各方职能，落实好"人岗相适、人事相宜"，才能最大限度地发挥网络人才的优势与作用。

　　坚持党管人才，要注重创新党管人才的方式方法，鼓励网络创新型人才发展与建设。习近平总书记强调："全部科技史都证明，谁拥有了一流创新人才、拥有了一流科学家，谁就能在科技创新中占据优势。"[2]建设网络强国离不开创新，离不开创新型人才，要想在科技创新中占据优势和掌握主导权，就要拥有完备的创新型网络人才培养激励机制，制定更加积极、开放、有效的创新型网络人才培养举措，坚持培养人才和引进人才相结合。"创新党管人才的方式方法，最为重要的是各级党委要在制定政策、整合力量、营造环境、提供服务等方面下功夫"[3]，多措并举，破除不合时宜的、束缚人才成长和发挥作用的观念和做法，才能实现网络创新型人才事业的大发展。

　　坚持党管人才，还要注重深化人才体制机制改革。2016年

1.习近平：《在网络安全和信息化工作座谈会上的讲话》（2016年4月19日），载《人民日报》，2016年4月26日，第2版。

2.习近平：《努力成为世界主要科学中心和创新高地》，载《求是》，2021年第6期，第10页。

3.何成学：《新时代人才工作，必须善于坚持党管人才的原则》，载《光明日报》，2018年4月16日，第6版。

3月，中共中央印发了《关于深化人才发展体制机制改革的意见》，明确指出"人才是经济社会发展的第一资源。人才发展体制机制改革是全面深化改革的重要组成部分，是党的建设制度改革的重要内容"[1]。习近平总书记指出："要建立适应网信特点的人才评价机制，以实际能力为衡量标准，不唯学历，不唯论文，不唯资历，突出专业性、创新性、实用性。要建立灵活的人才激励机制，让作出贡献的人才有成就感、获得感。"[2]可以说，要吸引各方优秀人才投身党和国家事业，必须推动和完善党管人才的领导体制，建立与完善人才评价选拔机制，强化人才激励机制，使人才培养、建设更多面向实用性。

2.以需求为主导，做好顶层设计

网络人才培养是一项系统工程，如何培养、引进、留住人才，充分发挥其应有的作用，可以看作这一系统工程的重要组成部分，将每一环节落实到位，才能达到好的整体效果。习近平总书记指出："要采取特殊政策，建立适应网信特点的人事制度、薪酬制度，把优秀人才凝聚到技术部门、研究部门、管理部门中来。"[3]因此，网络人才建设需要以需求为主导，扎实做好顶层设计，即从整体角度出发，运用系统论的方法综合规划整个系统的各个方面、层次和要素，进而有效地集中资源，完成目标。

当前我国网络人才尤其是网络安全人才缺失，不仅体现在数量上，还体现在供需关系的错位上。网络人才建设的关键在

1.《关于深化人才发展体制机制改革的意见》，载《人民日报》，2016年3月22日，第1版。
2.习近平：《论党的宣传思想工作》，北京：中央文献出版社2020年版，第210页。
3.习近平：《论党的宣传思想工作》，北京：中央文献出版社2020年版，第210页。

于遵循人才成长的规律与市场经济规律，这就需要我们在择天下英才而用的同时，不断认识规律、尊重规律、总结规律，不断提升人才培养与利用的科学化水平。遵循这两个规律，既反映了市场在资源配置中起到的决定性作用，也表明每个人才尽可能发挥个人才能的必然要求。人才是第一资源，只有遵循市场资源配置的基本规律，同时了解市场需求，清楚自身现状，有针对性地培养各类复合型、应用型网络人才，优先培养岗位缺口大的专业人才，才能在社会主义市场经济的条件下使网络人才培养得到更好更快的发展。与此同时，也要发挥政府对人才的宏观调控作用，做好政策支持和服务配套工作。

3.坚持整体推进和重点突破

坚持整体推进和重点突破相统一，是培养网络人才并实现技术突破的关键举措。明确什么是整体、什么是重点，是整体推进与重点突破网络人才培养的前提。整体推进即全面协调、统筹规划，重点突破在于抓住问题的主要矛盾和矛盾的主要方面。不断促使网络人才改革向纵深推进的关键，在于处理好整体推进和重点突破的关系，也就是说，在网络人才培养方面我们既要重视关键领域和关键环节的突破，也要全面协调，统筹规划，在处理其关系时要坚持重点论与两点论相统一的方法。

坚持整体推进、重点突破，需要人才发展体制的改革与政策创新。党的十八届五中全会将人才对国家发展的作用上升到了新的高度，提出"加快建设人才强国，深入实施人才优先发展战略，推进人才发展体制改革和政策创新，形成具有国际竞争力的人才制度优势"。人才发展体制机制改革的目的是更好地发挥人才的作用，破除传统体制机制的障碍，建立更加包容、高效的人才治理体系。政策创新是为了使人才资源配置得到更好的优化，有效激发网络人才活力从而实现网络人才的创新发展。因此，我国应该促进网络强国建设中人才发展体制机制改革与政策创新，构建丰富、开放、高效的网络人才培养体系，将我国网络人才的潜能激发出来，加快推动网络人才培养工作的创造性发展。

坚持整体推进、重点突破，要注重全面协调统筹规划，注重网络人才培养的系统性、整体性、协同性，建设基础厚实、发展全面的网络人才队伍。在加强集中统一领导、优化市场环境、不断释放各类主体的创新活力的同时，用全球视野和国际眼光审视我国网络人才的引进、培养、考核和使用。

（二）我国网络人才培养的主要模式

建设网络强国，应该重视人才培养模式的创新，完善网络人才培养机制，创新网络人才培养的途径与方法，以此培养更多优秀的网络人才，为建设网络强国奠定雄厚的人力资本。

1.我国网络人才培养模式的主要特点

网络人才培养模式是指通过借鉴现代教育理论、教育思想，为实现网络强国战略而进行的人才培养目标、规格的整个过程，以及为实现网络强国战略目标而运用的规范性方法和手段。我国网络人才培养模式具有如下特点：第一，目的性。网络人才培养模式是一种有目的的组织行为，它使网络人才按既定的培养目标达到理想的效果，满足国家、社会和网络个体发展的需要。第二，开放性。信息网络的开放性特征赋予了网络人才培养模式开放性特征，离开了开放性，走封闭式发展道路，网络人才的培养将无从谈起。第三，多样性。多元化的时代需要多样化的人才，不同类型、不同层次的网络人才培养目标与规格是不同的，培养模式也有所差异。网络人才培养模式，应随时代发展和社会需求的变化做出即时调整，激发网络人才培养模式的创新动力和活力。第四，稳定性。对人才进行系统的理论指导和培养，通过长期实践活动形成并固定下来的培养模式，通常较为稳定。

2.我国网络人才培养模式的主要内容

目前，我国网络人才培养模式主要分为以下三种：

第一种，高校培养模式。近年来，政府出台的一系列政策规划，为国内高校的网络人才培养工作指明了努力方向，越来越多的高校将网络相关学科纳入教学体系，截至2020年，针对网络空间安全这门专业，国内已有40余所高校成立了相关学院或研究院，开设网络空间安全专业230多个。

高等院校的人才培养体系包括两个方面，即人才培养体系和人才成长环境建设。人才培养体系是指依靠一定的教育管理组织，对人才进行教育、培训的体系，内容包括培养目标、专业结构、课程体系、教学制度、教学模式、日常教育管理等；人才成长环境是培养人才、吸纳人才并充分发挥人才作用的各种条件的总和，包括教师队伍、教育硬件和校园文化氛围等，为人才培养提供物质保障和精神保障。高校对网络人才的培养，应为从教师到学生、从观念到制度、从软件环境到硬件环境等的全方位、多角度的综合培养，是一种通过系统化、规模化和专业化教育实施的网络人才培养方式，其重要因素包括网络人才培养的教育观念、教学过程、培养体系和培养质量评价体系。在新时代的大背景下，培养什么样的网络人才和怎样培养网络人才，是我国高等院校人才培养的两个基本问题。高校培养网络人才，应当以掌握知识和技能为基础，以提高自身水平和能力为本位，以提高自身综合素质为主要核心，以科学的体制制度为依托，更新现代化教育的教学理论和观念，创新现代化教育的教学方法和手段，完善其考核和评价的体系。

目前，高校培养模式是网络人才培养最主要也是最根本的途径和渠道，高校肩负着培养顶尖科研人才、发布高质量科研成果与科技成果的重要任务，始终是国家网络人才队伍建设与科研研究的重要阵地，也是国家网络技术创新体系的核心力量。因此，在人才培养与科技创新、推进建设创新型国家、建设网络强国的重要历史进程中，我国高等院校有着责无旁贷的时代责任。

第二种，合作培养模式。合作培养模式根据合作对象可分为两类：一方面是高校和企业建立合作，即校企合作人才培养模式。过往实践表明，高校培养的网络人才在进入实际应用场景后，往往需要一定时间的转化，对之前掌握的方法论重新梳理整合后才能满足企业需求，而高校与企业通过建立合作关系，使得学校教学与企业生产需求紧密地联系起来，不仅强化了教学实践效果，也促使科研成果有了良好的转化路径。比较典型的案例有2016年西安电子科技大学与360公司合作建立"网络安全创新研究院"，并签署"共建西电—360网络安全创新研究院的战略合作协议"；2017年，腾讯公司以校企合作方式，发起并举办了"腾讯信息安全争霸赛"，通过专业性赛事为高校学生提供实践平台，选拔优秀人才，同时联合高校打造相关的公开课和专属培养计划。校企合作建立在社会需求的基础上，实现了高校与企业合作、与市场接轨，为网络人才培养工作提供了新的视角和平台。另一方面是国内外高校合作培养模式。国内高校通过与国外知名高校建立联合培养机制，有利于二者之间相互借鉴人才培养先进经验，提升网络人才培养的效果。目前这一培养模式得到国内外不少高校的响应，在解决高等教育中网络相关专业缺乏实践的问题上，以及促进网络人才培养，在使网络人才不断适应科技、生产与经济发展的实践教育中发挥了积极作用。

第三种，网络学习模式。网络技术的发展不仅变革了人类的生活方式、生产方式，也改变了人才教育和培养模式。如今，网络学习模式已经成为网络人才培养的重要模式之一，是一种有别于传统人才培养模式的行之有效的新模式。

网络学习是指学习者运用网络环境和网络信息资源，在教师的指导下以独立学习或合作学习等方式开展的学习活动。不同于传统课堂教学，网络学习在学习场域、学习条件等方面发生了革命性变化。网络教学模式相对于传统教学模式，具有如下特点：一是自主性。网络学习以自主、协作的方式进行自由学习，根据自身专业需求，随时随地获取最新学习信息。事实证明，通过网络学习培养出来的网络人才，往往比传统课堂培养出来的网络人才有更强的学习能力。二是开放性。网络学习模式不受时间和空间的限制，高效地将相关信息聚集和整合起来，最大限度地实现了网络教育资源的开放和共享。网上教学平台不仅提供了丰富的课程学习资源，还能充分引导学生发挥主观能动性、创造性。三是交互性。在网络学习过程中，人与人之间的沟通和互动至关重要，远程教育中一对多、多对多的交互学习方式，学生与同伴、教师、专家学者之间的跨时空交流是传统课堂无法比拟的。

二、网络人才培养的国际借鉴

对网络人才的培养，不但是建设网络强国的关键内容，也是提升国家创新竞争力的战略要求。研究、分析国外网络人才培养的教育思想和实践模式，借鉴国外网络人才培养的成功经验，对我国更好地开展网络人才建设、更好地实施网络强国战略有着积极意义。

（一）当代发达国家网络人才培养现状

随着经济社会的飞速发展，尤其是网络技术的迅猛发展，世界各国对网络人才的需求急剧增加，针对网络信息化人才的全球争夺战已经打响。进入21世纪后，美国社会所需的工作岗位中，脑力劳动者已经占到80%，但现阶段业务能力精良的劳动力约有30万的缺口。2019年11月，国际信息系统安全认证联盟（ISC）[1]发表研究报告称，全球网络人才的短缺岗位已经达到180万以上。美国战略与国际问题研究中心（CSIS）和英特尔安全事业部（Intel Security）联合发布了

1.ISC是信息安全专业人员教育及认证服务的全球领导者，在信息安全人才培养方面拥有超过20年的成功经验。作为注册信息系统安全认证专家CISSP（Certified information System Security Professional）认证颁发机构以及CISSPCBK®教材的编著者，能够提供全面的CISSP培训。

调查报告，称美国、日本、德国、法国等发达国家均出现了网络人才危机。由此可见，很多国家普遍存在缺乏网络人才的现象，并且随着近年来网络化进程的提速，网络人才的缺口会越来越大，持续加大网络人才培养方面的经费投入，快速推进网络人才培养体系的完善十分紧迫。尤其是网络安全领域，世界各国已清晰认识到相关人才的匮乏问题十分凸显，为此，美国、欧盟、日本等发达国家纷纷采取行动，加强网络安全人才方面的建设。

例如，2017年，美国用于网络安全建设的资金投入高达190亿美元，特别强调"保证网络安全人才的招纳与保留"。美国在网络安全建设方面建立了科学的评价体系，完善了人才晋升体系，在制度上采取技术分级和认证等方式对网络人才进行考量。一些企业自发设立了"首席信息安全官"，并得到了政府部门和"世界500强企业"中大部分企业的认可。欧盟国家也较早进行了网络与信息安全教育。2011年，英国政府发布了《网络安全国家战略》，其中明确指出要"加强网络安全技能教育"；德国发布了《德国网络安全战略》，强调"提高公众对互联网风险的认识，加强专业人才培养"；法国在《信息系统防御与安全：法国战略》中提出建立网络防御研究中心，从事专业人才培训，扩大具有较高网络专业水准的人才库。日本自2011年开始，每年用于网络安全人才培养的费用支出约1亿日元，包括向国外大学派遣留学生，进入信息安全相关机构学习深造，参加日美IT论坛。韩国更是举全国之力培养网络安全人才，其"BOB计划"为相关人才的培养提供了无上限的资金和资源。

（二）当代发达国家网络人才培养经验

为了夺取未来发展的战略制高点，在互联网竞争中取得竞争优势，世界各国在网络人才的引进、培养、使用和发展问题的重要性上有着高度共识，在网络人才培养方面积累了很多成功经验，探索出许多切实可行的方式方法，值得我们认真学习和借鉴。

1.政府高度重视网络人才建设

从长远角度看，政府在网络人才培养中发挥着极其重要的作用。这里以美国为例，作为全球互联网创新与创业发展的引领者，美国对网络人才的培养起步早、覆盖面广、战略方向明确、培养方式多样，这使得美国网络人才的数量与质量均优于其他国家。2009年以后，美国信息安全事件频发，对美国社会、经济和国家安全造成严重影响。时任总统奥巴马意识到提高网络空间安全意识和素养的重要性，启动了一系列的计划。2010年4月启动的"国家网络空间安全教育计划"（National Initiative of Cybersecurity Education，NICE），期望通过国家的整体布局和行动，在信息安全常识普及、正规学历教育、职业化培训和认证三个方面开展系统化、规范化的强化工作，全面提高美国的信息安全能力。2011年9月，美国国家标准与技术研究院公布了《NICE网络空间安全人才队伍框架（草案）》，并在网上公开征求各方意见。2017年5月，时任美国总统签署发布了名为"增强联邦政府网络与关键性基础设施网络安全"的行政令，某种程度上强调了网络安全和相关领域的技能人才的重要性，并将相关人才的增长和维持视为实现网络空间目标的基础。2017年8月，美国国家标准与技术研究院正式公布了《NICE网络安全人才队伍框架》(*NICE Cybersecurity Workforce Framework*)。2018年9月，时任美国总统签署发布了《国家网络战略》(*National Cyber Strategy*)，再次强调要把培养卓越的网络安全人才队伍作为国家网络战略的重要目标。

以上这些涉及高等院校、科研机构及尖端科技企业的战略规划，旨在快速发掘、培养网络人才，形成多层次的网络人才培养体系，为美国继续维持网络技术第一强国的地位奠定了人才基础。不难发现，美国政府在相关草案、战略规划的制定和出台过程中扮演了重要角色。

2.高校积极推进网络人才教育

高校是重要的人才培养基地和科研创新机构，是积极推进网络人才建设的重要阵地。早在2005年，美国国家安全局就在美国44所高等院校及4所国防院校建立了国家网络安全与学术中心。目前，美国众多知名高校都拥有较强的网络安全专业，而且非常重视开展特色化的培养模式。比如，加州大学伯克利分校采用教师讲授与学生实操相结合的方式，指导学生掌握国际前沿科学技术，培养学生的团队协作能力。英国也有类似做法。为提高网络安全教学水平，满足社会对网络安全专家的需求，英国政府加强了本国的高校硕士专业认证，分别为爱丁堡龙比亚大学、兰卡斯特大学、牛津大学等高校授予了相关的专业认证，以提升国家对网络安全人才的培养力度。

与此同时，一些高校成立了专门的实验室、研究中心等，这些实验室、研究中心在信息技术整合、开展网络安全教育、安排学生从事实践工作等方面具有很大优势，成为高校加强网络安全人才建设的重要途径之一。

3.重视网络职业培训与人才储备

在世界主要发达国家当中，美国在网络安全职业培训方面最为成熟。一方面，美国在网络安全领域拥有最权威的认证资质，如国际注册信息系统安全师（CISSP）、国际注册信息系统审计师（CISA）等；另一方面，美国的一些企业也针对网络安全产品开展了不同层面的认证培训，如思科公司、甲骨文公司等，均开展了各自的网络安全认证资质。同为发达国家，英国也将职业培训上升到战略高度，其《网络安全战略》对加强网络安全技能与教育，确保政府和行业提高网络安全领域需要的技能和专业知识等方面给出了具体的行动指南。

此外，建立和完善网络知识专家库、提前储备专业网络人才等，成为很多国家的做法。专家团队的智力支持，对高校重大科研项目的开展具有重要意义，如英国专门设立了"网络人才储备库"，帮助军队应对网络安全中存在的危险，防止因网络威胁而造成不必要的损失。2017年，英国政府为"网络校园项目"（Cyber Schools Programme）提供资金支持，使英国青少年较早接触到网络安全方面的知识培训，在一定程度上为英国网络安全领域的未来发展储备了人才。

（三）国际经验对中国的启示

我国网络人才建设工作起步较晚，尚未建立完善的网络人才培养体系。纵观一些发达国家在网络人才建设方面的各种举措，我们应积极学习和借鉴它们的有效经验，取长补短，进一步完善我国网络人才的培养工作，大力发掘、培养和激励有潜质的优秀网络人才。

首先，加强政府对网络人才建设的管理力度。相对发达国家比较成熟的网络人才培养体系，我国在这方面还有很大的进步空间，应从实际需求入手，从本国实际国情出发，制定科学化、系统化的顶层设计和更细致化的战略布局；借鉴发达国家设立的人才评价体系与晋升体系，为不同领域、不同层面的网络人才培养提供更加合理的框架体系和制度保障。

其次，继续强化高校对网络人才的培养。一方面，加强我国网络相关学科的建设，引导与支持更多的高等院校设置网络相关专业，在扩大网络人才招生数量的同时，完善网络人才培养的课程体系，创新网络人才培养的教学模式，强化网络安全实验室建设，鼓励开展主题竞赛活动、开设专业的技能训练课程，逐步实现网络人才的规模化、体系化培养。另一方面，要激励学生创新发展，将对自主创新能力的培养放在更重要的位置；注重培养网络人才的科研能力及实践能力，将理论学习与实践操作有机结合。

最后，产学研多方位共同培养网络人才。当前我国培养网络人才最主要的方式仍为高校教学。高校有重理论教学、轻实践操作的缺陷，应积极借鉴发达国家的经验做法，促进"高校—产业界—政府"三方相互协调，共同推进网络人才队伍建设。鼓励研究所、实验室、企业等与高校联合培养人才，共同发力，采用产学研多方位共同培养的方式，将我国网络人才专业教育提升到更高层次。与此同时，重视网络专家、网络人才的储备工作，在完善人才培养体系的同时，尽量营造激励创新的环境，让网络人才有更好的发展平台，同时加大国家对网络人才建设的扶持力度，进一步提高网络人才的专业素质，为国家未来的互联网发展积蓄更多的人才资源。

＜拓展阅读＞

　　西安电子科技大学为满足国家对网络信息安全领域的人才需求，提出了更高层次的目标和新的创新人才培养模式，效果显著。例如，注重对人工智能人才与其他学科人才的交叉培养；整合线上和线下资源，引导学生关注国际学术热点；瞄准国家的战略需求组建国家科研团队，开展国际人才和学术交流讨论，引进国内外优秀人才，给予学生直接有效的指导；开展校企结合，聘请知名企业管理人来校授课，满足交叉性学科对于多元化师资的要求；鼓励学院之间交流经验，打造更多跨学院的校级精品课程并通过互联网实现跨学院资源共享，便于学生自主学习。

三、网络人才发展方向与趋势

伴随信息产业的飞速发展，社会对网络人才的需求量与日俱增。"软件开发""云计算""互联网＋""人工智能""大数据"等领域均出现人才缺口，且有日益扩大的风险，相关领域的网络人才面临着巨大的市场需求，同时也拥有着良好的发展机遇。未来，我国网络人才的发展方向与趋势主要体现在如下方面：

　　第一，网络安全人才需求不断增加。2021年10月，在工业和信息化部网络安全管理局的指导下，工业和信息化部网络安全产业发展中心（工业和信息化部信息中心）联合部人才交流中心、西北工业大学、西安电子科技大学等单位共同发布《网络安全产业人才发展报告》（2021年版），具体分析了2019年至2021年上半年网络安全行业人才总体供需变化。受新冠肺炎疫情影响，2020年网络安全行业的人才需求和供给明显下降。然而在复工复产的后疫情时代，伴随国内经济高速回温，企业对网络安全人才的需求随之升温，2021年上半年增幅达到39.87%。报告进一步指出，网络安全人才供给虽每年在稳步递增，但人才市场仍是供小于求，亟须输送更多高质量人才进入市场。网络信息安全关乎国家安全，网络安全人才已成为国家未来的网络人才发展的重要方向。只有加强网络安全人才的培养和发展，提供更多的人才，才能保证互联网更加安全、高效地为我国经济社会发展服务。

　　第二，网络技术人才愈加重要。随着信息网络产业逐渐深入社会经济和人民群众生产生活的各个方面，网络技术人才将成为网络强国能否取得成功的关键，这必然使得国家对于网络技术人才的需求越来越大。当下，科研能力和创新水平已成为越来越多的企业筛选网络人才的重要指标，软件研发和软件设计专家逐渐成为行业内的刚需人才，有着广阔的就业前景。随着5G时代的到来，互联网企业对高素质新型网络技术人才的需求逐年增加，只有依靠高技能型的网络人才，才能保证网络正常运转并为用户提供高质量服务。要做到这些，就要对新型网络人才是否有能力做到系统掌握网络维护、管理和运营等多方面技能提出更高要求。

第三，互联网金融人才融合发展。互联网金融是指传统金融机构与互联网企业利用互联网技术和信息通信技术实现资金融通、支付、投资和信息中介服务的新型金融业务模式。互联网金融不仅弥补了传统金融服务成本过高等不足，还扩大了金融服务的普惠性，使得大众创业、万众创新成为可能。互联网与金融的深度融合已经成为金融行业发展的必然趋势，互联网金融作为一种先进的工具，促使金融服务变得更加绿色、高效、便捷、普惠，同时促进资源高效配置、服务的有效延伸。互联网金融发展迅猛，与之相对应的是互联网金融核心人才资源不足，复合型人才更是"一将难求"。未来互联网金融企业的竞争，更多体现在对人才的争夺上。

第四，网络媒体人才前景广阔。随着我国互联网和信息化水平的快速发展，以"智能化""网络化""数字化"推动传统媒体升级已经成为必然趋势，以互联网为核心的全新的媒体格局与传播模式已经被大众熟知。在这样的背景下，培养全媒体化、复合型专业人才是推动新兴媒体发展的关键。2018年9月，教育部、中共中央宣传部出台的《关于提高高校新闻传播人才培养能力 实施卓越新闻传播人才教育培养计划2.0的意见》明确提出，要培养造就具有家国情怀、国际视野的高素质全媒体化复合型专家型新闻传播后备人才；未来要增设20个国家级新闻传播融媒体实验教学示范中心和50个新闻传播国家虚拟仿真实验教学项目。由此可知，网络媒体人才的发展前景十分广阔。因此，我们在网络强国建设中应该充分发挥人才的创造性，不断整合媒体内外资源，不断进行内容、技术、人才与渠道的创新，使网络媒体人才培养体系更加标准化、制度化和规范化，进一步提升网络媒体从业人员的职业性、专业性和国际性，形成具有自己独特风格的创新融合之路。

第 **9** 章

九万里风鹏正举

——昂扬奔向网络强国的康庄大道

要站在实现"两个一百年"奋斗目标和中华民族伟大复兴中国梦的高度，加快推进网络强国建设。要按照技术要强、内容要强、基础要强、人才要强、国际话语权要强的要求，向着网络基础设施基本普及、自主创新能力显著增强、数字经济全面发展、网络安全保障有力、网络攻防实力均衡的方向不断前进，最终达到技术先进、产业发达、攻防兼备、制网权尽在掌握、网络安全坚不可摧的目标。

——习近平总书记在全国网络安全和信息化工作会议上的讲话（2018年4月20日）

一、确保党对互联网的领导

随着现代科学技术的不断发展与进步，互联网与经济社会深度融合，在人们的生活中发挥着日益重要的作用。当前，我国已是一个互联网大国，人们越来越依赖于通过互联网来获取信息和资源，新媒体的不断完善为人们提供了广阔的舆论平台，促使信息的传播方式和传播渠道发生巨变。信息化为中华民族带来了千载难逢的机遇，凭借着强大的技术力量，信息时代的互联网正在引领人们实现不同领域的深刻变革，重塑着人们的工作、生活和与外界交互的方式。与此同时，作为非传统安全层面的网络安全问题，也在一定程度上对我国乃至当今世界构成新的威胁和挑战，网络空间成为继海、陆、空、天之后的"第五战场"，加强网络意识形态安全建设迫在眉睫。

党的十八大以来，习近平总书记从党和国家事业发展全局出发，从战略高度审视我国互联网发展态势，系统阐述了网络强国战略思想，成为指导新时代网络安全和信息化发展的纲领性文献。如今，我国网信事业迅猛发展，在网络技术创新、网络基础设施、网络安全、网络人才培养、网络时代的产业转型等方面，都取得了历史性成就，最根本的经验就是坚持党在网信工作中的领导地位。党的领导为我国网信事业的发展指明了方向，为了向着网络强国前进，我们任何时候都要坚持党的领导，坚持以马克思主义为指导，系统、准确、深入地学习宣传贯彻习近平新时代中国特色社会主义思想，学习习近平总书记关于网络强国的重要论述，加强中国共产党对网信工作的集中统一领导，不断提升信息化背景下党的执政能力与领导水平。

＜拓展阅读＞

在抗击新冠肺炎疫情的过程中，中国共产党实现了对网络舆论阵地的充分领导，不仅有效应对了网络舆情的挑战，还利用网络舆论助力抗击疫情，加强网上正面宣传，维护网络安全的实践成果，充分体现了党强有力的领导能力。由此也可以看出，我们需要充分认识网络舆论的重要性，不断提高对突发事件的应对能力以及对网络舆论阵地的领导能力，牢牢把握党对意识形态工作的领导权。

党员领导干部是党发展各项事业的骨干力量，理应在网信工作中充分发挥引领作用。习近平总书记强调："各级领导干部要自觉学网、懂网、用网，积极谋划、推动、引导互联网发展。要正确处理安全和发展、开放和自主、管理和服务的关系，不断提高对互联网规律的把握能力、对网络舆论的引导能力、对信息化发展的驾驭能力、对网络安全的保障能力，把网络强国建设不断推向前进。"[1]网络领域的从业者，包括从事网络舆论相关工作的技术人员，都要不断锤炼自身本领，把"网络技术"和"宣传策略"融合到一起，努力成为能上网、会上网的宣传者和能写会写、能说会说的解说员。

深入学习宣传贯彻习近平总书记关于网络强国的重要思想，就要把提高信息化条件下党的执政能力和领导水平作为重

1.中共中央党史和文献研究院编：《习近平关于网络强国论述摘编》，北京：中央文献出版社2021年版，第6页。

大时代课题，不断探索和把握网络时代党的执政规律、社会主义建设规律和人类社会发展规律，毫不动摇地坚持党管互联网，加强党对网信工作的集中统一领导，加强网信系统党的建设和干部队伍建设，充分运用信息化的理念、思路、方法、手段推进党的建设新的伟大工程、推进国家治理体系和治理能力现代化，不断增强党的创造力、凝聚力、战斗力，使风华正茂的百年大党始终勇立时代潮流前列，不断开创中国特色社会主义事业新局面。

二、网络让人民生活更美好

互联网的产生和迅猛发展，为人们的生活、学习、工作提供了新的平台与空间，网络空间与现实世界的联系日益紧密，让人民越来越多地享受到网络和信息化发展带来的成果，使人民有了更多的获得感、幸福感和安全感，生活变得更加美好。

（一）人民是网络信息事业的主要参与者和建设者

人民群众是开展社会实践、推动历史前进的主体。就建设网络强国而言，新时代的网信事业属于人民，人民是新时代网信事业的主要参与者和建设者，其发展成果也应该由人民共享。

习近平总书记指出："网信事业要发展，必须贯彻以人民为中心的发展思想。这是党的十八届五中全会提出的一个重要观点。要适应人民期待和需求，加快信息化服务普及，降低应用成本，为老百姓提供用得上、用得起、用得好的信息服务，让亿万人民在共享互联网发展成果上有更多获得感。"[1]
由此可见，建设网络强国必须坚持以人民为中心的发展思想，
让互联网的发展适应人民的需求，让互联网的成果由人民共
享。互联网的存在，提高了人们认识世界、改造世界的能力，
提升了人们的幸福感、安全感与满足感。未来我们要想持续
发展网信事业，就要满足网民的基本诉求，倾听网民的心声，
切实解决广大网民关注的问题，为广大网民打造健康绿色的
网络平台。

深入学习宣传贯彻习近平总书记关于网络强国的重要思想，
需要始终把满足人民日益增长的美好生活需要作为网信工作的
目标，坚持"以人民为中心"的发展思想发展互联网、繁荣互
联网、用好互联网，以此实现党性与人民性的高度统一、实现
对党负责与对人民负责的高度统一、实现尊重网信发展规律与
尊重人民历史主体地位的高度统一。

（二）网络空间的完善使公民更加民主、便捷地实现交流
共享

"网络空间是亿万民众共同的精神家园。"[2]在互联网这样一
个开放式的平台，每个公民在遵守法律的前提下，都可以发表
自己的看法、表达自己的情感，不必面对面就可以实现交流共

1.习近平：《在网络安全和信息化工作座谈会上的讲话》（2016年4月19日），载
《人民日报》，2016年4月26日，第2版。
2.中共中央宣传部：《习近平新时代中国特色社会主义思想学习问答》，北京：学习
出版社、人民出版社2021年版，第326页。

享。网络空间"日益成为老百姓'收音''发声'的主渠道"[1]，为公民的意见表达提供了便利途径，更好地体现了人民群众在实践中的主体地位。

　　合法、有效地开展网络舆论监督，有助于加强反腐倡廉建设，形成良好社会风气。利用网络平台可以积极开展正面宣传引导，传播正能量以滋养社会和人心，也可以对污染社会风气的人、事、物进行道德谴责，制约不良行为的滋生。例如，2021年7月，河南遭遇"千年一遇"的特大持续降雨，郑州、新乡等地引发严重内涝，人民的生命财产受到严重威胁。面对民众受困、物资紧缺的情况，各级政府、人民群众以及各地救援队伍团结一心、众志成城抢险救灾，在此期间，主流媒体及网友利用网络舆论平台不断传播正能量，对企业及个人主动捐款、捐物资的举动展开报道，一些爱心人士、志愿者受到鼓舞、积极响应号召投入抢险救灾的队伍之中，涌现出许许多多的平凡英雄；与此同时，面对一些未经证实、对公众产生误导的网络谣言，河南网信办主动"亮剑"，组织全省网信系统及主要新闻网工作人员有针对性地开展辟谣工作，有力维护了网络安全及社会稳定。由此可见，合理利用网络舆论平台，有助于推动形成良好的社会风气，促进经济社会平稳健康发展。

（三）网络让人民生活更加便利
　　网络科技的迅速发展和网络空间的不断完善，为人们的生

1.中共中央宣传部：《习近平新时代中国特色社会主义思想学习问答》，北京：学习出版社、人民出版社2021年版，第325页。

＊2022年3月9日，江西省南昌县蒋巷镇大田农社正在开展"智慧春耕"，无人旋耕机每亩地作业用时7分钟，育秧实现流水线作业（新华社，记者彭昭之摄）

产生活节省了时间和成本，极大提升了人们工作和生活的效率，促使人们的生活更加便利。例如"互联网＋医疗"，促使医疗平台不断创新完善，使人们的就医过程更加便利；翻译软件的不断进步，实现不同语种、语音及文字之间的转换，使用母语与多种外语交流更加便利；虚拟现实（VR）技术、增强现实（AR）技术的不断成熟，更好地满足了人们对于"衣食住行"的需求；"智慧物流"的出现，一方面提高了生产、运输效率，另一方面降低了生产、运输成本，增强了安全保障……网络空间的开放性和便利性，网络化、信息化的快速发展，对人们社会生活方式的影响不言而喻，智能化、数字化的生活方式使人们享受到越来越多的便利。

　　网络让人民生活更加便利，这一点在疫情期间体现得更加明显。网络在很大程度上降低了新冠肺炎对人民生活的负面影响，为我国经济社会保持平稳发展起到积极作用。借助网络平台，人们可以在家完成学习、办公与娱乐。以线上教育为例，学生和老师可以不受时空限制，在网络平台上开展学习和交流，而录播课程的方式，又能满足学生随时学习、反复学习的需求，帮助他们实现对碎片化时间的充分利用，使优质教育教学资源充分共享。值得注意的是，疫情期间电子商务展现出新的面貌，催生出新的职业。例如，网络直播带货得到一定程度的发展，相关人士通过熟悉网络直播、运用网络直播拓宽了营销渠道，甚至把副业发展为主业，把业余爱好发展为职业。电子商务平台的多元化发展及其不断提升、完善的服务意识，在一定程度上丰富了人民的物质生活和精神生活。

<拓展阅读>

　　疫情期间，以"互联网＋"为制造模式的企业网络化协同制造与智能化制造得到了快速发展。例如，宝钢股份宝山基地利用智能化的远程技术，在疫情期间保持车间工作的正常运转，既确保了车间工作的高效率，也保证了车间工作的安全运作。宝钢股份宝山基地的创新经验，使更多企业充分认识到网络智能化带来的好处，进一步促进了制造业的数字化转型。与此同时，一些企业逐渐开展数字化建设的布局工作，如京东物流在我国多个城市落地运营，并且采用机器人配送、无人机配送。

总体来说，网络让人民生活更加美好，更加便利。互联网带来了信息优势，使人们更好地实现了资源共享；互联网带来了技术创新，促使各领域加快实现了转型与变革；互联网提供了交流平台，使公民更加民主、更加便捷地交流共享，传播网络正能量。随着经济社会持续发展，网络创造了人民生活的新空间，成为人民生活的重要组成部分。建设网络强国，打造更加美好、安全、便利的网络生活，依然是我们所面临的重要课题之一。

三、让互联网运行法制化

在新时代背景下，让互联网运行法制化，切实维护网络安全，是国家网信工作的重要方向之一。党对网信事业的引导需要运用法治思维，通过健全相关的法律与制度，对网络空间进行依法规范与管理。

"互联网是社会舆论的放大器。网络是把双刃剑，用好了造福国家和人民，用不好就可能带来难以预见的危害。"[1]随着新兴媒体的不断出现，网络舆论空间也相应扩大，越来越多的网民在网络空间随意发表言论，成为"键盘侠"，甚至越过法律红线发表不正当言论。公民的言论自由，是在法律规定和允许范围内的言论自由，网络不是法外之地，某些个人、群体或敌对势力在网络上肆意散播谣言或有误导性的错误言论，加之网络信息传播速度快，容易导致一些不具备强辨析能力的网民被误导，形成错误认知。尤其是对于青少年群体而言，构建健康、绿色

1.中共中央宣传部：《习近平新时代中国特色社会主义思想学习问答》，北京：学习出版社、人民出版社2021年版，第325页。

的网络生态，是关系到广大青少年群体切身利益的重要问题。青少年是祖国的未来，而青少年时期正是一个人树立正确的人生观、价值观与世界观的黄金时期，因此必须为青少年筑牢意识形态安全"防火墙"，避免青少年被网络上错误的价值观误导、侵害。

对于广大网民而言，强化法制意识，完善法治管理，加强对网络侵权、网络虚假信息、网络低俗文化、网络暴力等的综合治理同样至关重要。加强网络空间法制化治理，有利于维护社会稳定、国家安全，符合我国广大人民群众的根本利益，"要推动依法管网、依法办网、依法上网，提高网络综合治理能力，形成党委领导、政府管理、企业履职、社会监督、网民自律等多主体参与，经济、法律、技术等多种手段相结合的综合治网格局。"[1]

营造风清气正的网络空间，离不开国家、社会和个人的共同努力。一方面，我国网络信息安全监管部门需要制定有针对性的监管策略，对网络安全环境进行治理，为公众提供更为优质的网络环境。所以，完善网络技术安全防护工作，加强对网络信息安全的监管力度相当重要。我们应把先进的大数据技术、云计算技术及安全管理技术落实到网络平台运行和发展当中，切实保障用户的信息安全，减少各种网络安全事故的出现。另一方面，营造良好的网络环境需要发挥主流媒体的带头作用。建设网络强国离不开党和政府的政策引导，也离不开主流媒体

1.中共中央宣传部：《习近平新时代中国特色社会主义思想学习问答》，北京：学习出版社、人民出版社2021年版，第326页。

对相关政策的宣传和对网民的正确引导；与此同时，网民需要提高自身的法律素养，严格约束自身行为，在遵纪守法的基础上行使知情权与表达权。法制化的网络空间，需要国家与人民共同建设、共同维护。

＜拓展阅读＞

　　近年来，不良"饭圈文化"经由网络传播、发酵，扰乱了网络环境和社会环境，对青少年的价值观造成不容忽视的负面影响。一些明星艺人失德失范，甚至违法犯罪，严重破坏演艺圈生态、败坏社会风气。针对上述乱象，国家多部门协作合力整治，出台相应的法律法规，完善相关制度，加大监管力度，取得了显著的治理效果。在此期间，网络平台应当承担相应的义务，及时清理不良账号及有害言论；相关行业也应当摒弃不良的价值取向，以作品去评价艺人，鼓励艺术家多推出高质量的艺术作品；艺人则应当洁身自好，遵守法律法规和道德规范，切实提升业务本领。

　　总之，网络空间的法制化是建设网络强国的必由之路。我国的网信事业应继续着力创造健康、和谐的网络文化，通过培育积极的、正能量的网络文化不断净化网络世界，保障网络意识形态安全。

四、实现网络强国未来可期

　　近年来，我国网民规模持续壮大，互联网发展水平不断提升。中国网络空间研究院发布的《世界互联网发展报告2021》，聚焦全球互联网发展实践新技术、新应用、新发展、新问题，以基础建设、创新能力、产业发展、互联网应用、网络安全以及网络治理等维度为衡量标准，选取全球48个国家和地区进行综合评估，中国位列第二。2018年4月20日，习近平总书记在全国网络安全和信息化工作会议上指出："网信事业代表着新的生产力和新的发展方向。"在信息化时代背景下，我国相继开启了模拟通信、数字通信、移动互联、"互联网＋"、万物互联时代，正在从网络大国向网络强国迈进。

第一，我国移动通信技术实现重大变革，5G技术为我国社会经济向数字化、智慧化转型升级提供了动力。根据《中国互联网发展报告2021》显示，我国宽带网络建设取得积极进展，现已建成全球规模最大的5G独立组网网络和光纤网络；5G移动通信技术率先实现规模化应用，实现了所有地级以上城市全覆盖。以5G技术为主的新基建项目的发展，为我国工业产业转型升级过程中的数据传输与资源供给提供了良好的技术支持。5G赋能经济社会转型的潜能不断释放，近五成5G应用实现商业落地。

5G技术对中国经济社会的发展产生了深远影响。一是为电子商务行业带来了巨大的发展机遇和更加广阔的发展空间，对传统电商行业形成了巨大冲击。二是对新兴产业产生了积极影响，例如5G技术的应用使数据技术、信息技术在社会经济发展过程中起到了放大、叠加、倍增的重要作用，对一些新兴产业起到了催生的作用；5G技术通过提升终端的智能化水平、提升网络传输速度、加速完善信息的数据化等方面，实现了新兴产

* 2021智博会现场，工作人员（前左）向观众介绍"5G＋智能制造"（新华社，记者唐奕摄）

业与传统行业的紧密结合，进而促使新型信息产品与信息服务不断出现、传统的产业发展模式不断升级。三是随着5G技术的不断深入与扩展，大量的物联网应用与发展设备应运而生，智能家居、智能机器人、自动驾驶等已经不是梦想。目前通过我国科研人员的努力，智能机器人已经能够参与完成疫情防控、疾病诊断与民生保障等工作，为人民的生活带来了诸多便利。

　　第二，网络安全保障能力显著增强。"没有网络安全就没有国家安全"[1]，网络安全建设将有助于推动网信事业的健康发展。现阶段，网络安全相关产业呈高速增长态势，其增速远远超过国际平均水平。截至2020年，我国已经有超过3000家

1.中共中央党史和文献研究院编：《习近平关于网络强国论述摘编》，北京：中央文献出版社2021年版，第97页。

企业从事网络安全工作，其业务范围覆盖网络安全设备、网络安全服务等各个环节，其中上市企业20余家，总市值超5000亿元。2021年，《工业互联网创新发展行动计划（2021—2023年）》由工业互联网专项工作组印发，明确提出我国"在提升安全保障水平方面，实施安全保障强化行动，推进工业互联网安全综合保障能力提升工程，完善网络安全分类分级管理制度"。

2021年7月12日，工信部发布《网络安全产业高质量发展三年行动计划（2021—2023年）（征求意见稿）》，提出"到2023年，网络安全产业规模超过2500亿元，年复合增长率超过15%。提升中小企业、重点行业和关键行业基础设施网络安全防护水平，电信等重点行业网络安全投入占信息化投入比例达10%。网络安全关键核心技术实现突破，加快新兴技术与网络安全的融合创新，增强网络安全产品和服务创新能力，初步形成具有网络安全生态引领能力的领航企业"。由此可见，网络安全是互联网高质量发展的重要前提和保障，建设网络强国必须重点关注互联网的安全发展，促进网络安全产业与技术稳步提升。

第三，网络舆论空间不断得到净化。近年来，主流媒体及部分商业网站聚焦思想引领，把宣传报道习近平新时代中国特色社会主义思想作为工作的重点，利用网络空间全方位、立体化阐释这一重大思想理论的历史地位、精神实质、丰富内涵、实践要求和时代价值。不少网站平台顺应形势，坚持多角度解读、多渠道参与、全平台覆盖，在很大程度上开拓了宣传报道习近平新时代中国特色社会主义思想的新形式、新渠道和新语态，使得这一重大思想理论通过鲜活的画面、生动的表达更加深入人心。与此同时，各大主流媒体凝聚共识，积极传播正面的、向上的主流网络舆论，拓宽了健康绿色的网络空间。在开展正能量宣传工作时，网络媒体充分把握网络空间的特点及网络传播规律，突出强化议题设置，不断创新传播手段，持续打造具有较强吸引力和传播力的精品报道。重点新闻网站加强优质原创内容生产，积极打造精品栏目和知名品牌，实现了内容的精准化、个性化和互动化，使报道更接地气、更有新意，广泛凝聚共识，让党的声音成为网络空间最强音。

第四，网络安全人才培养水平得到全面提升。党的十八大以来，在中央网信办统筹推动下，我国网络安全人才的培养取得了巨大成就。自《关于加强网络安全学科建设和人才培养的意见》出台以来，国务院学位委员会在"工学"门类下增设了"网络空间安全"一级学科。为逐步完善网络空间安全学科专业人才培养及课程体系，各地积极落实相关举措，如武汉市于2016年9月全面启动国家网络安全人才培养与创新基地建设，开创了由政府主导、校企合作、社会参与的网络安全人才培养模式，以发展网络安全产业、培育网络安全人才为目标，构建了网络安全人才培养与产业园建设的新格局。2019年4月，为进一步加强顶层设计、切实推进基地建设、广泛发挥基地在网络安全人才培养方面的作用，武汉市组建了国家网络安全人才与创新基地建设指导委员会。截至2021年10月，全国有45所高校设立单独的网络安全学院，170余所高校设置网络安全相关本科专业，每年网络安全专业毕业生超过2万人，较

2016年增加一倍。

第五，与外部世界积极互动，构建网络空间命运共同体。近年来，我国不断开展网络空间方面的国际对话与交流，积极参与了网络空间国际治理。例如，以"一带一路"等项目建设为依托，成功搭建了世界互联网大会等平台，与其他国家共享网络强国建设的经验，推动与世界各国的网络空间合作。构建网络空间命运共同体，关键在于开放和共享，未来我国将以广泛的网络空间国际交流合作，助力高水平对外开放，积极推动全球互联网治理，不断推动国际社会凝聚共识、携手共进。当今世界正在经历百年未有之大变局，世界各国应当携起手来，积极应对信息革命给人类社会带来的机遇与挑战，积极推动网络空间国际治理体系的完善，通过构建网络空间命运共同体实现全球网络空间治理向着更公平、更合理、更高效的方向迈进，让互联网发展的机遇和成果更多惠及世界各国人民。

十年来，在习近平总书记关于网络强国的重要思想指引下，我国正从网络大国向网络强国阔步迈进。主要体现在：党对网信工作的集中统一领导有力加强，网络空间主旋律和正能量更加高昂，网络综合治理体系日益完善，网络基础设施建设步伐加快，数字经济发展势头强劲，信息领域核心技术自主创新取得突破，信息惠民便民成效显著，网络安全保障体系和能力建设全面加强，网络空间法治化进程加快推进，网络空间国际合作深化拓展。

新时代网络强国建设已经取得了历史性成就。未来，我们将坚持以习近平总书记关于网络强国的重要思想为指导，奋力谱写新时代网信事业发展新篇章。

后　记

初秋的长春，已经有了几分寒意，好在2021级新生报到使校园充满活力。在这个收获的季节，我们的书稿也终于完成了，我们的自信心更强了。

非常感谢红旗文稿杂志社社长顾保国的邀请，我们参与了"问道·强国之路"丛书项目，承担了《建设网络强国》一书的编写工作。当今世界，得网络者得天下。网络世界日新月异，其中涉及建设网络强国的内容，非我们的知识结构所能驾驭，所以为了编写本书，我们安排了专家讲座，参考了许多专家学者的研究成果，但考虑到本书只是普及性读物，就不在脚注中一一注明了，在此一并表示感谢。

即使这样，由于我们水平有限，本书仍然没有到达应有的高度，在此，请大家提出批评。

本书编写过程中，王公博、李静、方玲玲、支继丹、杜茹、王湘一、杨丹、时晓萌、焦美、赵园、冯珊珊、何纪祥、刘鑫

婷、聂依宁、王静、于小桐等研究生参与大量的资料收集工作,
在此一并致谢。

韩喜平

2021年9月22日于吉林大学鼎新楼

图书在版编目（CIP）数据

建设网络强国 / 韩喜平，纪明著. —北京：中国青年出版社，2022.9
ISBN 978-7-5153-6631-9

Ⅰ.①建… Ⅱ.①韩… ②纪… Ⅲ.①互联网络－发展－研究－中国
Ⅳ.①TP393.4

中国版本图书馆CIP数据核字（2022）第069460号

"问道·强国之路"丛书
《建设网络强国》
作　　者　韩喜平　纪明

责任编辑　赵凯
出版发行　中国青年出版社
社　　址　北京市东城区东四十二条21号（邮政编码　100708）
网　　址　www.cyp.com.cn
编辑中心　010-57350405
营销中心　010-57350370
经　　销　新华书店
印　　刷　北京中科印刷有限公司
规　　格　710×1000mm　1/16
印　　张　13.5
字　　数　130千字
版　　次　2022年9月北京第1版
印　　次　2022年9月北京第1次印刷
定　　价　40.00元

本图书如有印装质量问题，请凭购书发票与质检部联系调换。电话：010-57350337